米其林料理人的日常和食

季節を味わう　はじめての和食

目錄

前言 ———— 4
傳遞款待精神的和食心法 ———— 6
本書的使用方式 ———— 10

【第1章】

和食的基礎入門：在細節中蘊藏的款待之心

好用的基礎廚具 ———— 12
和食的重點調味料 ———— 14
關鍵的計量與火候 ———— 16
和食不可或缺的四個「五」 ———— 18
講究均衡的菜色組合 ———— 20
美味的土鍋白飯 ———— 22
和食的靈魂高湯 ———— 24
影響風味的蔬菜切法 ———— 28

column 1
提升料理層級的佐料食材 ———— 32

【第2章】

海鮮與肉類主菜：在簡單中講究的細緻美味

去腥增鮮的「魚類前置處理」 ———— 34
味噌燉鯖魚 ———— 36
醬煮比目魚 ———— 38
蒲燒沙丁魚 ———— 40
山椒味噌烤干貝 ———— 44
照燒鰤魚 ———— 46
蕈菇燴鮭魚 ———— 48
鮭魚南蠻漬 ———— 50
鰹魚半敲燒沙拉 ———— 52
炸生鮪魚 ———— 54
增加風味的「肉類前置處理」 ———— 56
豬肉角煮 ———— 58
馬鈴薯燉肉 ———— 62
牛肉味噌煮 ———— 64
和風烤牛肉 ———— 66
豬肉味噌漬 ———— 68
蔬菜豬肉捲 ———— 70
梅香嫩煮雞肉 ———— 72
蒸烤蛤蜊雞肉 ———— 74
炙燒牛肉沙拉 ———— 76

column 2
山椒葉味噌的變化食譜 ———— 78

【第3章】

蔬菜配菜：在季節中更迭的自然鮮甜

品味四季的時令蔬菜 ———— 80
涼拌小松菜與金針菇 ———— 82
豆腐拌時蔬 ———— 84
醋味噌拌章魚苦瓜 ———— 86
豆乳茶碗蒸 ———— 88
玉米高湯玉子燒 ———— 90

白味噌焗烤大蔥 92
涼拌炸茄子與南瓜 94

【第4章】
溫暖湯品：
在食材中融合的豐富滋味

日式湯品的美味要素 96
海帶芽豆腐味噌湯 97
牛蒡豬肉粕汁 98
豬肉蘿蔔湯 100
秋葵蛋花清湯 102
日式奶油蕪菁濃湯 104
酪梨小黃瓜清湯 106

column 3
一二三庵的員工餐 108

【第5章】
四季款待菜單：
在餐桌上感受的節慶活動

日本主要的節慶活動 110
為料理增色的餐具 112
精緻的擺盤技巧 113

〈春〉賞花 114
春季蔬菜沙拉 115
澤煮椀 116
燉煮竹筍雞肉丸 117
芥末拌春高麗菜 118
油菜花飯 118
櫻花聖代 119

〈夏〉七夕 120
毛豆豆腐 121
金絲瓜蓮藕清湯 122
番茄馬鈴薯燉雞肉 122
柚子胡椒拌干貝 123
蒲燒鰻魚散壽司 124
水蜜桃Q彈果凍 125

〈秋〉賞月 126
毛豆泥涼拌芋頭 127
蕪菁豆皮清湯 127
冬瓜芡汁雞肉丸 128
烤秋刀魚秋季蔬菜沙拉 129
萩飯 130
椰香風味月見南瓜糰子 131

〈冬〉新年 132
三種吉祥前菜
蜜煮小魚乾 133
醃製鯡魚卵 134
芝麻醋拌牛蒡 134
醋漬紅白蘿蔔佐鮭魚卵 135
伊達卷 136
豔煮鮮蝦 137
御雜煮 138
白味噌雜煮 139

節慶活動的起源與習俗 140

學習和食就是了解日本文化。
透過使用四季食材烹製的料理，
在餐桌上體會對他人與自然的感恩之心。

前言

「一二三庵」不僅是日本料理店，是一間專門教授日本料理（和食）與節慶活動的烹飪教室。學習日本料理，就是在學習日本的文化。透過品味當季食材和細緻擺設，感受四季更迭；在生命的節點上，與重要的人一同慶祝，讓日常生活更加豐富美好。

提到和食，可能有人會覺得作法死板或很困難吧？但其實不用擔心。和食著重的並非什麼特別的技巧，而是前人為了健康生活而累積至今的智慧。只要學會基本，就能將各種食材烹調出美味。使用柴魚片和昆布熬煮高湯，再加入當季蔬菜和肉類煮至入味，就是一道美味的燉煮料理。在油脂豐富的魚身上撒點鹽烤過，就是讓人展露微笑的佳餚。日常料理不必過度講究，用簡單的烹調方式，讓人感到內心滿足才是最重要的。

在不同的季節或特別的日子中，或許會與家人一同在家慶祝，或邀請朋友來訪，一起共享美食。這時不妨回想一下節日背後的祈願與感恩之情。像是過年的年節料理、女兒節的桃花裝飾、兒童節的柏餅、賞月時的糰子等，這些習俗都源於對五穀豐收的感謝，以及對親人幸福與健康的祝福。雖然我們的生活環境已隨著時代變遷，但享受當季美味、關心他人的心意，始終未變。

本書為初次學習日本料理的讀者，從基礎開始詳細解說和食的知識與技術。不僅介紹了適合日常餐桌的「一二三庵」人氣食譜，還提供了節慶款待的特別菜單。希望這些內容能成為您認識「日本飲食文化」的入門之路，這將是我們莫大的榮幸。

「一二三庵」這個名字蘊含著希望能與曾見過一面的大家二度、三度相見的寓意。由衷感謝拿起這本書的讀者，以及促成本書出版的所有有緣人。

一二三庵 店主 粟飯原崇光、女將 近藤陽子

傳遞款待精神的和食心法

〈第一條〉保持潔淨

在製作料理前，首先一定要洗手並保持清潔，這是待客之道的第一步。日常生活中，請養成整理器具和用具的習慣，使用後將其歸位，這樣即使在忙碌中也能從容地面對料理。烹飪過程中亦然，用完的器具應隨手清洗，時常保持料理台的整潔，這樣可以讓烹飪過程更加順暢，也能提升料理的美感和美味。

〈第二條〉用心挑選道具

初學者可以先準備基本夠用的道具就好，只有一把刀也沒關係，鍋子只要有一支平底鍋和雪平鍋，即可滿足大多數料理的需求。其他再隨著烹飪經驗的增加，根據需要逐步添購即可。例如，一二三庵在為食材撒粉時會使用刷子，比起單純用手撒粉更簡便，且效果更理想。合適的工具能讓烹飪變得更有趣、更美味。

和食不僅僅是料理，更是一種自古以來傳承的日本文化。
它包含了不同地區的風土、四季的自然變化以及每年的傳統節慶，
並且融合了對用餐者的關懷和款待的精神（おもてなし）。
這種精神體現在從烹飪、擺盤到上菜的整個過程中。
而在開始料理前，我想先帶你從以下八條心法進入和食的世界。

〈第三條〉感受四季之美

在四季分明的日本，自古以來，人們便珍視當季新鮮食材的挑選，享受自然的恩賜，並將這份感謝融入料理之中。這正是和食的精髓，也是其吸引國際目光的獨特之處。一想到某些食材僅能在當年、當月、當時才得以品嚐，與市場上陳列的蔬菜和魚類相遇時，便會感到格外珍惜，烹飪的樂趣也因此倍增。體驗季節感不僅體現於食材，也可以透過餐具的選擇以及料理的裝飾來展現。

〈第四條〉擁有心愛的餐具

在日本家庭中，大多數人都會為自己選定一副專屬的餐具。首先，可以選購一款自己喜歡的飯碗和湯碗，盛裝米飯和湯品，從中體會日常飲食的愉悅與珍貴。接著，逐步蒐集適合一湯三菜的器皿。日本擁有許多與和食一同發展的精美器具，例如陶器、瓷器和漆器等。了解餐具的特性，不僅增添用餐樂趣，也是探索和食文化的一部分。

〈第五條〉美味的米飯與湯品

日文中有個詞彙是「口中調味」，指的是在享用和食時，交替品嚐無調味的白飯與配菜，細細咀嚼，感受味道在口中慢慢變化，這種讓風味在口中自然融合的過程，在日文中被稱為「口中調理」，是和食的代表特色。因此，和食中必不可少的便是「白飯」。當白飯搭配湯品時，增添了水分，能平衡口腔中的味道，使整體用餐過程更加順暢。若湯品內加入當季蔬菜、魚類或肉類等豐富食材，即使只用湯與白飯，也能享受到一頓滿足身心的美味餐點。如果您是第一次接觸和食，不妨就從這裡開始吧。

〈第六條〉高湯的魔力

以柴魚片、昆布或小魚乾等製作的日式高湯——「出汁」，蘊含滿滿的鮮味，是和食的基礎精髓。有了出汁，即使只用簡單的調味和烹調方式，也能輕鬆做出令人心安的美味湯品或燉菜。「吃飯是生存的基礎」，食物是構築身體的根本。在現代忙碌的生活中，出汁成為支持健康的最佳助手。用心熬煮出汁，不僅是對自己辛勤生活的犒賞，也是對親友表達深切關愛的方式，充滿溫暖和貼心的心意。

傳遞款待精神的和食心法

〈第七條〉均衡的菜餚搭配

和食的菜單基本原則是「一湯三菜」（日文稱為「一汁三菜」），即以米飯為中心，搭配一份湯品、一道主菜、兩道配菜，再加上一份醃漬物。只要遵循這個原則，營養的均衡自然就能得到保障。然而，若需要天天規劃三餐，難免會為菜單的變化感到苦惱。這時，不妨回想和食的「五法、五味、五色」（指五種烹調方法、五種味道、五種顏色）。只要有意識地運用這些元素，就能輕鬆設計出不會吃膩的豐富菜單。

〈第八條〉高品質的調味料

和食的基本調味料，包括味噌、醬油、味醂、醋和日本酒，皆是以麴為基底的發酵食品。麴菌所產生的獨特香氣和豐富風味，可說是和食的精髓。同樣的調味料，因製作方式和原料不同，其風味也各有千秋。建議使用以傳統製法、用心製作的高品質調味料，試過一次就會驚訝地發現，料理的味道竟然能產生如此大的提升。

本書的使用方式

首先確認「一二三重點提示」

此處整理了食譜的特色與重要步驟，建議在開始料理前先閱讀，這樣能讓烹調過程更順利。

了解料理步驟的目的 提升技巧的活用度

每個料理步驟都有其特定的意義，因此本書特別補充了「**為什麼要進行這個步驟？**」以及「**這樣做會帶來什麼效果？**」等細節。當你理解這些緣由後，即使是其他食譜，也能靈活運用相關技巧。

使用2種味噌
打造濃厚深邃風味

味噌燉鯖魚

鬆軟的鯖魚搭配鹹甜味噌，讓人食慾大開的經典配菜。
正因為料理方式簡單，更需要細緻的烹調來提引出鮮美風味。

2人份

鯖魚切片	2片
蓮藕片	1cm
秋葵	2支
生薑	30g
A 水	200ml
料理酒	100ml
砂糖	30g
麥味噌	40g
米味噌	30g
濃口醬油	少許
味醂	少許

一二三重點提示

一 透過汆燙去除鯖魚腥味

先在魚身上撒鹽讓多餘水分釋出後，將鯖魚迅速放入加了1小匙醋的80°C熱水中汆燙。這個步驟能去除造成腥味的血水與黏液，同時提升鮮美風味。

二 麥味噌與魚類是絕佳搭配

在九州與中國地方廣受喜愛的麥味噌，帶有濃郁的麥香，與鮮味較強的青背魚特別契合。如果家中沒有麥味噌，也可以使用70g的米味噌來調製。

三 生薑用2種切法來提升風味

為了增強香氣，將帶皮並切成薄片的生薑，與鯖魚一起燉煮，有助於去除腥味，而切成碎末的生薑，則最後撒上，為料理增添清爽的風味與香氣。

36 第2章 海鮮與肉類主菜：在簡單中講究細緻美味

製作方法

在容易收縮的魚皮表面劃上切痕，可以防止魚肉捲曲，讓成品更加美觀，也更容易入味，可謂一舉兩得。

1 鯖魚的前置處理①

在鯖魚的魚皮表面劃上十字形的切痕。

利用鹽的脫水作用去除鯖魚多餘的水分，並消除腥味。

2 鯖魚的前置處理②

將鯖魚排放在烤盤上，在兩面撒上略多的鹽（額外用量），靜置約15分鐘。

除了汆燙的效果之外，酸性的醋還能與鹼性的異味來源相互中和，使腥味減少。

3 鯖魚的前置處理③

將鯖魚用清水迅速沖洗後，放入加了一大匙醋（額外用量）的80°C熱水中汆燙。取出後泡冷水降溫再擦乾。

不需要去除澀味。不過，若是想要維持蓮藕的顏色潔白，也可以先泡醋去澀。

4 蓮藕的前置處理

將蓮藕切成1cm寬的圓片並去皮。滾水汆燙約10秒後撈起瀝乾。待稍冷卻後，對半切開。

透過軟化秋葵的絨毛，讓秋葵在汆燙時能均勻受熱。

5 秋葵的前置處理

用鹽搓揉秋葵表面，使絨毛變柔軟。放入滾水汆燙約10秒後撈起瀝乾，斜切對半。

將生薑切成圓片之後，再用刀刃輕輕拍打，可破壞生薑的纖維，讓香氣更容易釋放。

6 將生薑切片

取一半的生薑去皮之後切成細丁，剩下的生薑則保留外皮切成薄片，然後用刀刃輕輕拍打。

7 燉煮

將A和切成薄片的生薑放入另一個鍋中加熱。待湯汁煮沸後，放入鯖魚並蓋上落蓋。

濃口醬油和味醂以1小匙為基準，請少量逐次添加並一邊試味道調整。

8 煮至收汁完成

開大火將湯汁收至約1/3，一邊試味道，一邊用濃口醬油和味醂調整味道。

9 擺盤

將鯖魚、蓮藕、秋葵盛入器皿中，撒上切好的生薑碎。

37

食譜分量 基本為2人份

本書的食譜基本上以2人份為標準。如果是適合事先準備、可保存的料理，或是一次製作較大量風味更佳的料理，則會標示更適合的分量。

豐富的步驟圖解 讓料理更直覺

每道料理的步驟都搭配詳細的照片解說，讓讀者能夠更直觀地掌握料理過程，彷彿親身參加「一二三庵」的料理課程，享受學習與實作的樂趣。

食譜規則

◎計量單位為1大匙＝15ml，1小匙＝5ml，1杯＝200ml，1合（1米杯）＝180ml。

◎「一撮」是以拇指、食指與中指三指捏取的分量。「少許」是以拇指與食指輕捏的分量。「適量」是依照適當的分量添加。「依喜好」則是按照個人口味，需要再酌量加入。

◎若食譜中未特別註明，蔬菜類皆為已完成清洗與去皮等基本處理的狀態。

◎若未特別標示火力大小，則用中火進行調理。

第1章

在細節中蘊藏的款待之心

和食的基礎入門

在開始料理之前，讓我們先來學習和食的基本知識吧。
從基礎的廚具、調味料，到餐點的搭配、米飯的煮法，
以及高湯的製作方法等。
或許在你早已習慣的步驟當中，隱藏著新的發現與巧思，
而這些小細節，將讓你的日常飲食更加豐富、美味！

好用的基礎廚具

不需要一開始就備齊所有工具，只要根據想做的料理準備適合的工具即可。
順手、好用的廚具，能讓料理過程更愉快，做出的食物也更加美味！

平底鍋
（26cm）

雪平鍋
（22cm）

玉子燒鍋

油炸鍋

土鍋

蒸鍋

砧板

矽膠刮刀／木製刮刀

烘焙毛刷

料理長筷

菜刀
（牛刀或三德刀）

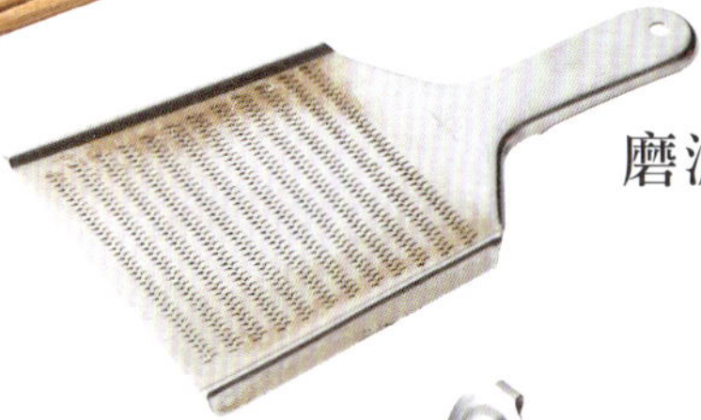
磨泥器

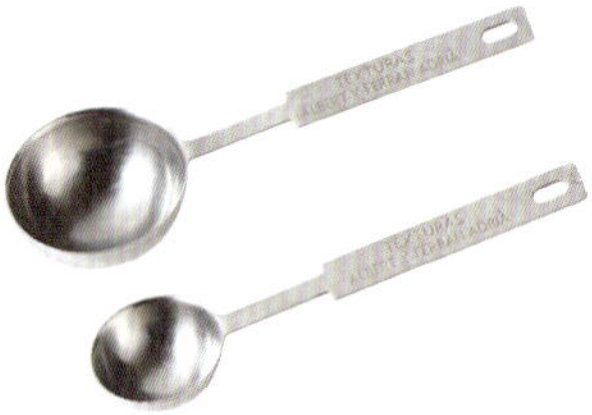
量匙

量杯

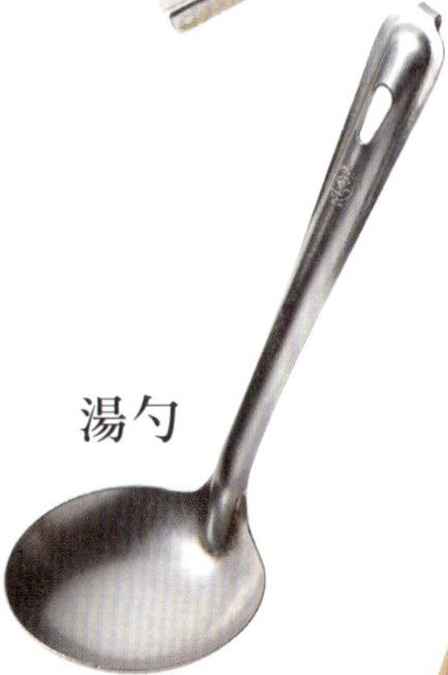
湯勺

濾網
（有手柄）

研磨缽與研磨棒

耐熱調理碗
（大・中・小）

其他實用工具

料理夾、削皮刀、溫度計、托盤、果汁機、食物攪拌機、燒烤微波爐、卡式爐、保鮮膜、鋁箔紙、廚房紙巾、食物保存容器（袋）、隔熱墊、長方形模具、壽司竹簾

和食的重點調味料

日本料理的基本調味料，在日文中會以「さしすせそ（sa shi su se so）」這五個字來表示，
分別指的是**砂糖**、**鹽**、**醋**、**醬油**、**味噌**，再加上**料理酒**與**味醂**。
若能掌握這些調味料的特性，以適合的順序加入，就能讓料理的風味更上一層樓。

「さ」砂糖

砂糖不僅能增加料理的甜味與層次感，還能在燉煮料理時形成保護膜，防止肉類與魚類久煮散開。由於砂糖需要較長時間才能滲透食材，因此應**最先加入**，讓味道充分融合。本書建議一般料理選擇**蔗糖**（日本多半使用精煉程度低於白砂糖的「きび糖」，類似台灣的二砂糖），甜點則使用**甜菜糖**。

「先加入糖」可防止食材煮散

「し」鹽

鹽在料理中不僅可用於**基礎調味**，也能去除食材腥味，甚至在料理完成時增添層次感。由於少量鹽就能明顯影響味道，建議逐步添加，避免過量。一般來說，用最基本的食鹽已足夠，但若講究風味，可選擇不同顆粒大小或製法的鹽來提升料理層次。

調味與提味中不可或缺的存在

「す」醋

醋主要用於醃漬、涼拌料理，以及日式醬料，如蛋黃醋、山椒醋。除了增添酸味，醋還具有**殺菌防腐**和**軟化魚骨**的效果。建議使用能夠搭配各種料理的**穀物醋**與**米醋**，此外，擁有獨特香氣與濃郁風味的黑醋也是實用的選擇。

以酸味為料理增添層次與提味

「せ」醬油

透過大豆等豆類的發酵過程，醬油所產生的獨特香氣與濃郁風味，構築了各式各樣的和食美味。本書使用的醬油主要有三種：一般的**濃口醬油**、能突顯食材原味與色澤的**淡口醬油**，以及鮮味濃縮的**溜醬油**。根據不同醬油的風味特色靈活運用，將為料理帶來更豐富的層次感。

根據食材與料理需求，靈活搭配不同醬油

「そ」味噌

味噌是日式料理中不可或缺的調味料，不僅用於味噌湯，還廣泛應用於味噌燉煮、味噌醃漬等各類料理。日本各地生產的味噌，會因當地的氣候與風土條件不同，而呈現多樣的風味與種類。本書主要使用**米味噌**（**赤味噌**、**白味噌**），這是許多地區普遍製作的味噌類型。此外，也選用了**九州**、**四國及中國地方特有的麥味噌**。

可用於湯品、醃漬、調味等多種料理方式

料理酒

料理酒能有效去除魚肉的腥味，並讓食材口感更加濕潤柔嫩。一般市售的料理酒含有食鹽，因此也可用於**醃漬調味**。若使用**日本酒**代替料理酒，請務必先試味道，並適量調整鹽分。此外，使用時一**定要加熱**，讓酒精充分揮發。

具有去腥效果，有助於讓食材更加柔嫩

味醂

味醂是一種帶有甜味的調味料，由米、米麴、燒酎等經糖化與熟成製成。它能防止食材在燉煮時散開，並為料理增添亮澤與光滑感。市面上有以各種調味料調合而成的**味醂風調味料**，但本書使用的是**純正味醂**。與料理酒相同，使用時務必**加熱使酒精揮發**。

在料理酒的效果上，額外增添甜味與光澤

關鍵的計量與火候

正確解讀食譜是成為料理達人的第一步。
讓我們再一次複習，影響成品風味的重要關鍵——
調味料的計量方式與火候的判斷方法。

調味料的計量方式

〈粉末類的1大匙（小匙）〉

先舀取滿滿一匙，
然後使用筷子等工具將表面刮平。

〈粉末類的1/2大匙（小匙）〉

將1大匙（小匙）平均分成兩半，
再去除一半即可。
1/3或1/4的計量方式亦相同。

〈液體類的1大匙（小匙）〉

液體表面呈現張力、
微微鼓起的狀態。

〈液體類的1/2大匙（小匙）〉

倒入至湯匙的2/3高度。

〈量杯〉

將量杯放置在平坦的地方，並從正、側面對齊刻度確認液面高度。若測量粉類，請先輕敲杯底讓粉末表面平整後再計量。量杯的標準容量為1杯 ＝200ml，而電鍋專用的量杯為1合（1米杯）＝180ml，兩者容量不同，使用時請特別注意。

液體與量杯接觸的部分會稍微上升，因此測量時應**以液面中央的高度為準**，才是正確計量的關鍵。

〈其他計量方式〉

一撮

以拇指、食指與中指三指捏取的分量。重量換算約為1g，量匙換算約為1/5小匙。

少許

以拇指與食指指尖捏取的分量。重量換算約為0.6g，量匙換算約為1/8小匙。

適量

指符合料理需求的適當分量，請一邊嚐試味道一邊逐步增減，以達最佳風味。

依喜好

可加可不加，視個人口味自由調整。若選擇添加，請依照個人喜好來調整分量。

火候的判斷方法

弱火

火焰未接觸到鍋具底部的狀態。適用於提升薑或大蒜的香氣，或進行肉類的低溫烹調等需要慢慢加熱的料理方式。

中火

火焰剛好接觸到鍋具底部的狀態。適用於翻炒食材或短時間燉煮等料理方式。

強火

火焰完全包覆住鍋具底部的狀態。適用於煎烤肉類或魚類表面，及加熱沸水等料理方式。

和食不可或缺的四個「五」

和食不僅講究料理味道，還重視擺盤的美感、季節感以及款待的心意。
以下將介紹和食中獨特且重要的四個「五」。
這些概念有助於在日常料理與
健康搭配的規劃上發揮有效的作用。

五法

生（切）　煮　烤　蒸　炸

指的是「生（切）」、「煮」、「燒烤」、「蒸」、「炸」等調理方式。在傳統的懷石料理中，這五種烹調法一定會被運用。雖然在日常餐點中要完全涵蓋所有方式較為困難，但有意識地避免調理方式過於單一，是相當重要的。

五味

甜味　酸味　鹹味　苦味　鮮味

指的是「甜」、「酸」、「鹹」、「苦」、「鮮」這五種味道。基本調味料的砂糖、鹽、醋、醬油、味噌（參考P.14），便是對應這些味覺分類。其中，鮮味來自和食中最重要的高湯（出汁）風味，也是各種料理中不可或缺的元素。

五色

指「紅」、「黃」、「藍／綠」、「白」、「黑」。其中，紅色與黃色能促進食慾，藍色帶來清涼感，白色象徵潔淨感，而黑色則具有收斂穩重的效果。平衡搭配這五種顏色，不僅能讓擺盤更具吸引力，還能營造出符合季節感的視覺效果。

五感覺

指的是「視覺」、「聽覺」、「嗅覺」、「觸覺」、「味覺」。料理不僅取決於味道、外觀的美感、烹調或咀嚼的聲音、食物的香氣，考量用餐者的感受，並善加運用這些感官元素打造美味的體驗，正是和食中著重的「款待之心」。

講究均衡的菜色組合

應該有不少人，每天都為了餐點的安排而傷透腦筋吧？
只要能夠了解兼顧健康、美味以及用餐樂趣的菜單要素，
就可以按照這個組合出菜，不再需要煩惱如何搭配。

基本為「一湯三菜」

和食的菜單搭配基本由湯品、主菜、配菜、副配菜組成，即「一湯三菜」（日文稱為「一汁三菜」），再加上白飯與漬物，構成完整的一套餐點。這種搭配方式能從各式各樣的食材當中攝取豐富的營養，透過將料理分裝於不同器皿，也有助於防止吃得過快或過量。此外，餐點的擺放方式也有一定的規則。

副配菜

分量比配菜更少的料理，如燙青菜、涼拌菜等。擺放時，應放置在中央靠後方的位置。

配菜

使用蔬菜、豆類、海藻等食材製作的燉菜、炸物或沙拉等料理。擺放在用餐者的左上方。

主菜

使用肉類、魚類、雞蛋、豆腐等食材製作的主要料理，會擺放在用餐者的右上方。

米飯

包括白飯、拌飯、炊飯等米飯類料理。擺放時，應放置在靠近用餐者左前方的位置。

漬物

醃漬蔬菜，日文中稱為「香物」，盛裝於小碟中，擺放在正前方。

湯品

包括味噌湯、清湯等湯汁較多的料理。擺放時，應放置在靠近用餐者右前方的位置。

以五法、五味、五色來保持均衡

在設計餐點時，若能考慮和食中重要的四種「五」（P.18），便能自然地達到均衡飲食的效果。本書特別以五法、五味、五色這三個元素，設計出適合日常餐桌的食譜。請參考重點內容，靈活變換組合，打造符合自己喜好的理想菜單吧！

餐點範例 1

湯品⋯⋯⋯⋯秋葵蛋花清湯（P.102）
主菜⋯⋯⋯⋯味噌燉鯖魚（P.36）
配菜⋯⋯⋯⋯涼拌炸茄子與南瓜（P.94）
副配菜⋯⋯⋯涼拌小松菜與金針菇（P.82）

◎搭配重點

這道餐點使用了大量色彩鮮豔的夏季蔬菜，完整呈現五色均衡，不僅美味，視覺上也十分誘人。由於配菜是炸物，因此湯品與副配菜選擇了清爽的清湯與燙青菜，搭配起來不會感到膩口。

餐點範例 2

湯品⋯⋯⋯⋯日式奶油蕪菁濃湯（P.104）
主菜⋯⋯⋯⋯和風烤牛肉（P.66）
配菜⋯⋯⋯⋯鮭魚南蠻漬（P.50）
副配菜⋯⋯⋯醋味噌拌章魚苦瓜（P.86）

◎搭配重點

這個菜單均衡運用了五法，燉煮的湯品、燒烤的主菜、油炸的配菜，副配菜則採用水煮的烹調方式，讓整體的料理方式更為豐富。此外，色彩搭配鮮豔，並利用醋味噌拌菜的酸味來點綴風味，使整體味道層次更加鮮明。

美味的土鍋白飯

和食中絕不可或缺，蓬鬆又晶瑩剔透的白飯。
雖然一般家庭大多使用電鍋，但也推薦嘗試使用土鍋煮飯。
只要掌握技巧，其實並不難，還能讓日常的白飯變得更加美味。

容易製作的分量

米——2合
水——360ml

1 計量

使用米杯舀取滿滿一杯米，再用筷子等工具刮平表面。

剛開始洗米時，米粒容易吸水，因此要先過一次水，並立刻倒掉混濁的水。

2 沖水

將米和水倒入盆中，輕輕攪拌，讓浮起的米粒沉入水中，然後迅速將水倒掉。

留下一點點水，讓米稍微浸泡在水中，以手輕輕攪動，發出「沙沙沙」聲音。

3 洗米

將手呈輕握雞蛋的姿勢攪動米粒。當洗米水變得混濁時，加入清水稀釋後倒掉。重複這個步驟，直到洗米水變為半透明。

當乾燥的米吸收足夠的水分，變得白皙飽滿時，表示已經浸泡完成。

4 浸泡

加入足量的水，讓米粒完全浸泡在其中，並在室溫下靜置。夏天約浸泡30分鐘，冬天約浸泡1小時，接著瀝乾米粒，再倒入土鍋備用。

5 烹煮

加入適量的水，蓋上鍋蓋後開火加熱。當蒸氣開始冒出時，打開鍋蓋輕輕攪拌一次。然後重新蓋上鍋蓋，轉小火加熱10分鐘。

剛煮好的米飯仍帶有米心，透過燜蒸的過程，能讓米飯變得鬆軟飽滿。

6 燜蒸與翻鬆

米飯煮熟後，不掀鍋蓋靜置10分鐘。然後，用飯杓從鍋底將米飯往上翻鬆，讓多餘的水分揮發，使米飯口感更加蓬鬆。

小知識專欄

米飯煮好後的保存方式

如果使用土鍋煮飯後沒有要立即食用，建議蓋上沾濕的布巾，並將鍋蓋半開。如果直接蓋緊鍋蓋，餘溫會持續加熱，導致米飯風味下降。若使用電鍋煮飯，同樣建議關閉保溫模式，以保持米飯的最佳口感。

和食的靈魂高湯

高湯可說是和食美味的根源，也是不可或缺的重要元素。
正因為有了高湯，才能突顯食材本身的風味，使簡單的料理方式達到極致美味。
在這裡，將介紹各種高湯的種類，及如何熬製美味高湯的方法。

柴魚與昆布的綜合高湯

柴魚高湯富含鮮味成分──肌苷酸，而昆布高湯則含有豐富的麩胺酸。將這兩種高湯結合後，能發揮植物性與動物性鮮味的相乘效果，使高湯更加美味。本書將這種綜合高湯作為基本高湯，並運用於各式各樣的料理當中，作為料理風味的根本。

小魚乾高湯

「小魚乾（日文稱為「煮干」）」通常指的是將沙丁魚用鹽水煮熟後乾燥而成的食材。此外，根據地區不同，也有使用竹莢魚或鯖魚製成魚乾的作法。選擇小魚乾時，建議挑選魚身呈彎曲狀，並帶有白色光澤的種類。

其他高湯

除了基本的高湯外，也不能忽略香菇、雞翅等帶骨肉類及蔬菜所釋放出的鮮味高湯。透過燉煮，這些食材的鮮味會滲入湯汁，同時也能讓食材本身更加入味、美味可口。乾香菇則建議以水浸泡約12小時慢慢回軟，這樣能提取出不含雜味且風味濃郁的高湯。

基本高湯

（柴魚與昆布的綜合高湯）

當柴魚的肌苷酸與昆布的麩胺酸相結合時，能夠大幅提升鮮味，形成風味絕佳的綜合高湯。這種高湯與醬油特別合拍，適用於湯品、燉煮料理、涼拌青菜等各式菜餚。昆布高湯雖然需要較長時間熬製，但其風味不易流失，因此可以一次熬製大量備用。相較之下，柴魚高湯的香氣容易揮發，因此建議在使用前再加入，並快速煮出鮮味。

容易製作的分量

- 水——1L
- 昆布——7～10g
- 柴魚片——25g

70°C大約是目測整體開始緩緩冒出蒸氣，但尚未產生泡泡的狀態。

1 浸泡昆布並加熱

將水與昆布放入鍋中，於室溫中靜置，夏天約浸泡30分鐘，冬天約浸泡1小時。開中小火加熱，將溫度保持在大約70°C左右，持續加熱10分鐘後，取出昆布。

2 放入柴魚後熄火

將水煮沸，然後均勻撒入柴魚片，讓它散布在整個鍋內。加熱約10秒煮出高湯後，撈除浮沫，然後關火。

3 過濾出高湯

濾網上鋪一層廚房紙巾，置於大碗上，緩緩倒入步驟2高湯過濾。

昆布高湯

昆布高湯充滿鮮美的鮮味，是日本人非常喜歡的風味。口味高雅且清爽，不會掩蓋食材的原味，特別適合以蔬菜為主的料理，及豆腐、豆類等食材。放入冰箱冷藏可保存2～3天，因此，建議有時間時可一次製作好備用。

容易製作的分量

水	1L
昆布	10g

70°C大約是目測整體開始緩緩冒出蒸氣，但尚未產生泡泡的狀態。

1 浸泡昆布

將水和昆布放入鍋中，在室溫下浸泡，夏天約浸泡30分鐘，冬天約浸泡1小時。

2 煮出高湯

開中小火，加熱至約70°C後，維持相同溫度約10分鐘。

3 取出昆布

用指甲輕輕按壓昆布，感覺昆布變柔軟並且會留下痕跡時，即可取出。

與柴魚高湯相同，小魚乾高湯中也含有豐富的肌苷酸。一二三庵的小魚乾高湯作法，是將小魚乾與昆布一同浸泡在水中一晚，再加熱熬煮出高湯。其特點為濃郁的鮮味與強烈的香氣，非常適合用於味噌湯、蘿蔔絲乾料理及豬肉料理上。

小魚乾高湯

容易製作的分量

- 水——1L
- 小魚乾——30g
- 昆布——10g

取出帶有雜味的內臟後，如果尚有時間，可將所有小魚乾放入平底鍋乾炒，減少腥味。

如果出現浮渣，請用湯勺等工具撈起去除。

1 處理小魚乾

去除小魚乾的頭部，剝開腹部並取出內臟。

2 浸泡

將水、小魚乾和昆布放入鍋中，浸泡一晚（約6小時）。

3 加熱並過濾

用較弱的中火加熱，溫度維持約70°C，持續加熱約10分鐘。撈除浮渣後，在濾網上鋪廚房紙巾，置於大碗上，過濾出高湯。

影響風味的蔬菜切法

即使是同樣的蔬菜，也會因切法不同，
進而影響加熱的程度與口感，還會改變香氣與味道的感受。
接下來，將介紹日常常用的切法「基本篇」，
以及能讓料理變得更加華麗的裝飾切法「應用篇」。

基本篇

切圓片

將蘿蔔、紅蘿蔔等切面為圓形的食材，從末端開始以固定的寬度切片。厚度可根據料理需求進行調整。

半月切（切半月形）

將切成圓片後的食材對半切開，或將圓柱狀的食材縱向對半切開後，再從末端開始切片。厚度可根據料理需求進行調整。

銀杏切（切扇形）

將圓柱狀的食材縱向切成兩半後，再將這兩塊分別縱向切成兩半，再從末端開始依固定寬度切片，使其呈現銀杏葉的形狀。厚度可根據料理需求進行調整。

小口切（切片）

將小黃瓜或蔥等細長的圓柱狀食材，從末端開始依固定寬度切片。厚度可根據料理需求進行調整。

短冊切（切粗絲）

將食材切成長約4cm，再切成約2mm厚的薄片。因形狀相似於日本用來書寫俳句的短冊而得名。

切細絲

將食材切成長度約4cm的薄片後，再從邊邊開始切成細絲。比切細絲稍微粗一點的切法稱為「切絲」，口感會比切細絲更明顯。

切碎

將食材細切成約1mm的塊狀。根據不同的蔬菜，可以先切成細絲後，再從邊邊開始切碎，或是保留根部，先沿著縱橫方向劃出切口後再切碎。

拍子木切（切條）

將食材切成長約4cm、寬約1cm、厚約1cm的四角柱。因形狀類似日本的一種傳統樂器——「拍子木」而得名。

切塊（切大丁、切小丁）

將食材切成條狀後，再從末端開始依固定寬度切塊。邊長約1cm的稱為「切大丁」；邊長約5mm的則稱為「切小丁」。

色紙切（切正方形薄片）

將食材切成正方形的四角柱後，再從邊邊開始切成薄片。厚度可根據料理需求進行調整。日文名稱是源自於其形狀跟色紙相似。

竹葉切（切薄絲）

將牛蒡、紅蘿蔔等細長的蔬菜一邊旋轉，一邊像削皮般地切成薄絲狀。因其形狀類似竹葉而得名。

滾刀切

將細長的筒狀食材一邊旋轉，並使切口朝上，一邊進行斜切。重點在於下刀時保持相同的大小。

切斜片

將黃瓜、蔥等細長的筒狀食材從上方，以斜的方向下刀切開成相同大小的片狀。厚度可根據料理需求進行調整。

應用篇

紅蘿蔔花形片

將切成圓片的紅蘿蔔修成五角形後，在相鄰的角與角之間，於中央切出凹槽，接著從五角形的角，朝向凹槽切出圓弧形，雕塑成花瓣的形狀。

花形蓮藕

將蓮藕切成圓片後，按照內部孔洞之間的位置，在邊緣切出V字形的凹槽，接著將凹槽的尖角修圓，雕刻出花瓣的形狀。

小黃瓜蛇腹切

將小黃瓜兩端切除後，平放在砧板上，以約1mm的間隔斜切，但不切斷。接著將小黃瓜翻面，以同樣方式在另一側切出斜紋。

菊花切

將白蘿蔔去皮、切成適當大小，接著在表面以約2mm間隔劃出切口，但不切斷。接著旋轉90度，再以同方式劃出切口。

香菇雕切

去除菇柄後，刀子以斜角貼著菇傘，朝中央切出V字切口。接著，將香菇旋轉約60度，切出下一道V字切口。重複此步驟三次，即可切出放射狀。

column1：提升料理層級的佐料食材

日本料理中常見的「藥味」，指的是佐料食材，
也就是用來搭配料理、增添風味的植物性食材。
「藥味」正如其名，不僅能提升料理風味，
還兼具如同藥物般，促進消化、增進食慾的作用，
有些還具備殺菌、防腐的效果，
在還沒有冷藏或冷凍技術的時代，更是不可或缺。
現在，就一起來認識這個和食中的關鍵配角吧！

蔥

蔥的辛辣味能為料理味道增添不同變化，同時提升風味。藉由增加色彩與香氣，還能有效促進食慾。

山芹菜

可以為茶碗蒸或清湯增添色彩、香氣與口感。其香氣具安定情緒之效，且營養豐富。

茗荷（日本薑）

獨特的香氣與口感能為料理增添風味。不僅能促進食慾與消化，還具有降體溫的效果，因此針對夏季疲勞特別有效。

山葵

獨特的嗆鼻辛辣味是其特徵。山葵不僅能增進食慾，還具有強效的抗菌作用，能保護食材免受細菌與黴菌侵害。

生薑

具有清爽的風味與除臭效果，與氣味濃郁的食材相當搭配。同時也具備促進血液循環與消化的作用。

紫蘇葉

能讓豬肉等脂肪較高的食材口感變得清爽。具有強力的防腐殺菌效果，因此常搭配生魚片食用，有助於防止食物中毒的效果。

芝麻

為料理添加濃郁的香氣、甜味與口感。以整粒、磨碎、切碎等多種形式運用於料理之中。

蘿蔔泥

透過辛辣味增添風味層次。除了能溫暖身體、促進消化之外，還具去腥殺菌之效。

山椒葉

指山椒嫩葉，具清爽的風味與香氣，色彩鮮豔是其特徵，能夠增進食慾與促進消化。

第2章

在簡單中講究的細緻美味

海鮮與肉類主菜

主菜是指菜單中的主要配菜，
以魚類、肉類等蛋白質食材為主。
像是味噌燉鯖魚或日式馬鈴薯燉肉等經典家常菜，
只要掌握訣竅，就能讓料理更加美味。
此外，本書也會介紹一二三庵的人氣料理，
請務必將這些菜色加入擅長的菜單中！

去腥增鮮的「魚類前置處理」

說到和食的主菜，果然還是魚最經典，
無論是燉煮、燒烤或油炸，各種料理方式應有盡有，
但無論選擇哪種作法，「前置處理」仍是最重要的關鍵。
細心做好每個步驟，才能讓魚的風味大幅提升。

切片魚的前置處理

購買切片魚類時，請選擇肉質厚實、魚皮有光澤且沒有滲出紅色液體（血水）的產品。
在烹調前，別忘了先進行以下三項前置處理。

1 用鹽水清洗並擦乾

無論要怎麼烹調切片魚，都可利用此方法，有效減少腥味。先使用濃度3%的鹽水清洗掉表面的黏液，然後用廚房紙巾擦乾即可。

2 撒鹽

適合用於燒烤或油炸的魚料理。這種方法有助於調味，去除多餘的水分，並減少腥味。

3 汆燙

適合用於燉煮的魚料理。將切片魚放入熱水中快速汆燙，待表面變白之後，立即取出。這樣可以去除黏液與血水，並減少腥味。

將整條魚切成三片

購買整條魚時，請先確認魚的眼睛是否清澈、不混濁，鰓內是否呈鮮紅色。
接下來，以在家中也容易處理的鯖魚為例，介紹基本的「三枚切法」。
處理鯖魚、竹莢魚、沙丁魚等較小型的魚類，使用牛刀或三德刀即可。

使用刀尖處理魚背，刀刃中央處理魚身表面，刀刃底部處理魚腹，刮除時比較容易操作。

1 去除魚鱗

將刀豎起，從魚尾朝著魚頭方向滑動刀刃，刮除魚鱗。

2 去除魚頭

沿著魚的胸鰭與腹鰭方向，將刀刃斜著切入後，將魚翻面，用同樣的方式切入，並將魚頭切下。

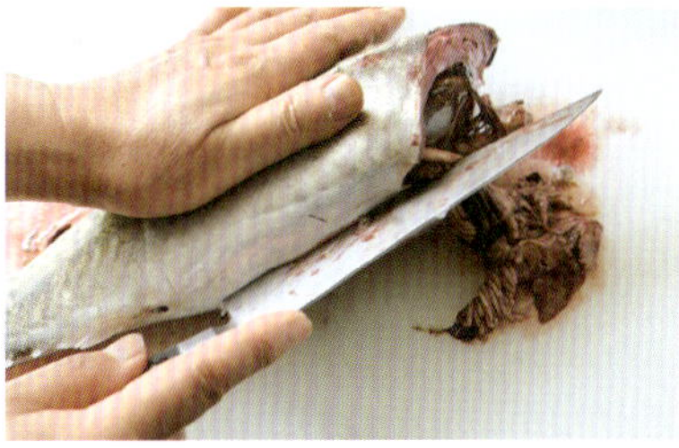

3 去除內臟

從切口處將刀刃切入魚肚的正中央後，一路劃開至肛門位置。接著剖開魚身，並用刀刮出內臟。

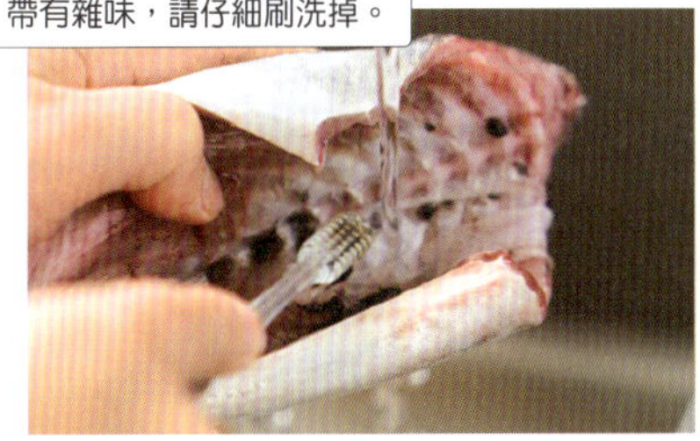
卡在骨頭與魚肉之間的血漬帶有雜味，請仔細刷洗掉。

4 清洗魚身

使用牙刷等工具，用流動的水刷洗魚腹內部。

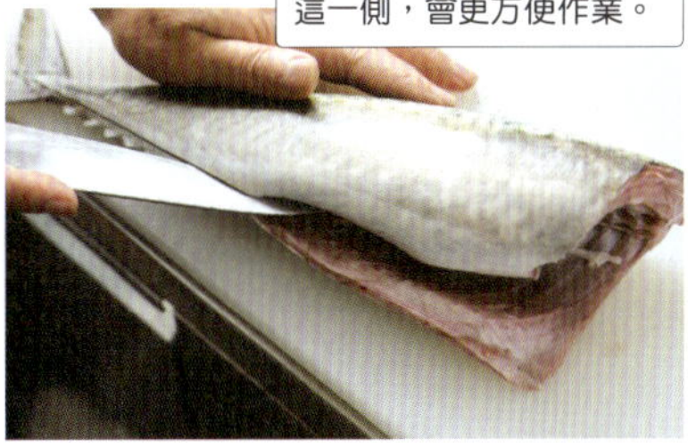
將魚放在砧板靠近自己的這一側，會更方便作業。

5 在魚肚劃開切口

將魚肚朝向自己放置，刀刃保持水平，從頭的切口處入刀，沿著魚皮劃開至魚尾。再沿著切痕，將刀刃稍微斜舉，往內切開。

6 在魚背劃開切口

將魚背朝向自己放置，刀刃保持水平，從魚尾入刀，沿魚皮劃開至魚頭的切口處。再沿著切痕，將刀刃稍微斜舉後，往內切開。

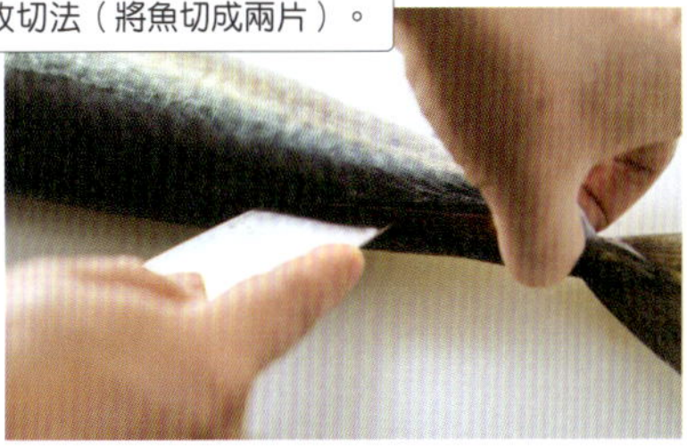
此步驟完成後的狀態稱為二枚切法（將魚切成兩片）。

7 從魚背沿著中骨切開

從魚尾切口處入刀，使刀刃貫穿魚身，留下一小部分尾部不要切斷。沿著中骨平順地朝向魚頭劃開，將魚肉與中骨分離。

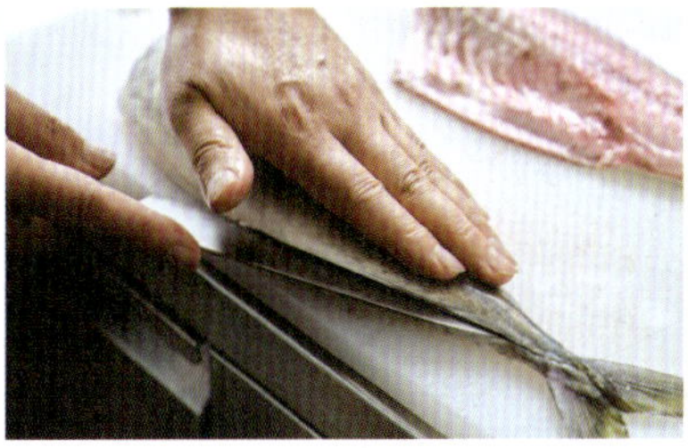

8 將魚的另一側切開

將魚翻面，從魚頭往魚尾方向，同步驟6的方式切開表面並劃出切痕。再同步驟7，沿著中骨入刀，將魚肉與中骨分離。

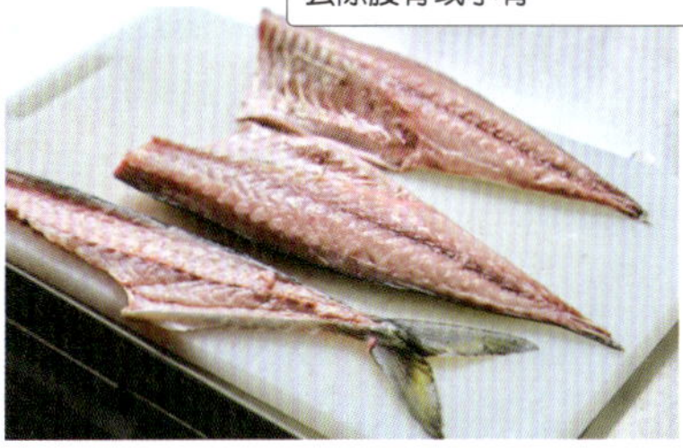
根據料理的用途，也可能會去除腹骨或小骨。

9 完成

當魚被分成兩側魚身與中骨時，三枚切法就完成了。

使用2種味噌
打造濃厚深邃風味

味噌燉鯖魚

鬆軟的鯖魚搭配鹹甜味噌，讓人食慾大開的經典配菜。
正因為料理方式簡單，更需要細緻的烹調來提引出鮮美風味。

2人份

鯖魚切片		2片
蓮藕片		1cm
秋葵		2支
生薑		30g
A	水	200ml
	料理酒	100ml
	砂糖	30g
	麥味噌	40g
	米味噌	30g
濃口醬油		少許
味醂		少許

一二三重點提示

一 透過汆燙去除鯖魚腥味

先在魚身上撒鹽讓多餘水分釋出後，將鯖魚迅速放入加了1小匙醋的80°C熱水中汆燙。這個步驟能去除造成腥味的血水與黏液，同時提升鮮美風味。

二 麥味噌與魚類是絕佳搭配

在九州與中國地方廣受喜愛的麥味噌，帶有濃郁的麥香，與鮮味較強的青背魚特別契合。如果家中沒有麥味噌，也可以使用70g的米味噌來調製。

三 生薑用2種切法來提升風味

為了增強香氣，將帶皮並切成薄片的生薑，與鯖魚一起燉煮，有助於去除腥味。而切成碎末的生薑，則最後撒上，為料理增添清爽的風味與香氣。

製作方法

在容易收縮的魚皮表面劃上切痕，可以防止魚肉捲曲，讓成品更加美觀，也更容易入味，可謂一舉兩得。

1 鯖魚的前置處理①

在鯖魚的魚皮表面劃上十字形的切痕。

利用鹽的脫水作用去除鯖魚多餘的水分，並消除腥味。

2 鯖魚的前置處理②

將鯖魚排放在烤盤上，在兩面撒上略多的鹽（額外用量），靜置約15分鐘。

除了汆燙的效果之外，酸性的醋還能與鹼性的異味來源相互中和，使腥味減少。

3 鯖魚的前置處理③

將鯖魚用清水迅速沖洗後，放入加了一大匙醋（額外用量）的80°C熱水中汆燙。取出後泡冷水降溫再擦乾。

不需要去除澀味。不過，若是想要維持蓮藕的顏色潔白，也可以先泡醋去澀。

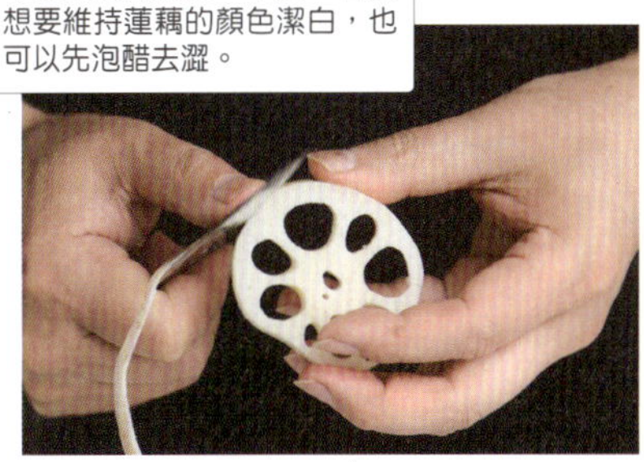

4 蓮藕的前置處理

將蓮藕切成1cm寬的圓片並去皮。滾水汆燙約10秒後撈起瀝乾。待稍冷卻後，對半切開。

透過軟化秋葵的絨毛，讓秋葵在汆燙時能均勻受熱。

5 秋葵的前置處理

用鹽搓揉秋葵表面，使絨毛變柔軟。放入滾水汆燙約10秒後撈起瀝乾，斜切對半。

將生薑切成圓片之後，再用刀刃輕輕拍打，可破壞生薑的纖維，讓香氣更容易釋放。

6 將生薑切片

取一半的生薑去皮之後切成細丁，剩下的生薑則保留外皮切成薄片，然後用刀刃輕輕拍打。

7 燉煮

將A和切成薄片的生薑放入另一個鍋中加熱。待湯汁煮沸後，放入鯖魚並蓋上落蓋。

濃口醬油和味醂以1小匙為基準，請少量逐次添加並一邊試味道調整。

8 煮至收汁完成

開大火將湯汁收至約1/3，一邊試味道一邊用濃口醬油和味醂調整味道。

9 擺盤

將鯖魚、蓮藕、秋葵盛入器皿中，撒上切好的生薑碎。

高雅細緻的魚肉
搭配牛蒡特有的香氣

醬煮比目魚

在白肉魚中，比目魚的風味特別清淡高雅。
祕訣在於保留細緻的鮮味，同時融合牛蒡與醬油的香氣，讓美味更加昇華。

2人份

牛蒡		1/2條
比目魚切片		2片
香菇		2朵
生薑		30g
水		500ml
料理酒		100ml
A	味醂	100ml
	濃口醬油	25ml
溜醬油		1小匙

一二三重點提示

一 使用牛蒡的湯汁來燉煮比目魚

用香氣濃郁的牛蒡湯汁燉煮，可以減輕比目魚的腥味。除了比目魚之外，其他白肉魚與牛蒡的香氣也相當適合，製作燉魚料理時，不妨嘗試看看這樣的搭配方式。

二 先加入味醂可防止燉煮時魚肉碎裂

比目魚等白肉魚的肉質較為細緻，因此先加入砂糖或味醂等帶有甜味的調味料是基本原則。這些調味料具有使蛋白質凝固的作用，能有效防止魚肉燉煮時碎裂，讓成品更美觀。

三 最後加入溜醬油提升濃郁風味

溜醬油經過長時間熟成，具有醇厚濃郁的風味與獨特的滑順口感。為了保留其豐富的香氣，加入後只需煮沸一次，即可關火。

為了保留牛蒡的香氣，不用去除澀味。只需稍微清洗，輕輕去除表面的泥土即可。

1 切牛蒡

用刷子清洗牛蒡表面後，先切成5cm長段，再縱向對半切開。

牛蒡的煮汁會作為燉煮時的湯汁使用，請不要倒掉，留著備用。

2 煮牛蒡

將水倒入鍋中，加入牛蒡，沸騰後再煮10分鐘。

3 比目魚的前置處理

在比目魚切片的正反面劃上十字切口，用80°C熱水迅速汆燙後，放入冷水中冷卻，並擦乾水分。

要製作出漂亮的生薑絲，關鍵在於選擇表面平滑、凹凸較少的生薑。

4 切生薑絲

將生薑去皮，沿著纖維切成薄片之後，將它們疊起來，並切成細絲。接著放入水中（額外用量）浸泡，然後瀝乾水分。

香菇煮熟後會縮小，因此要確實地劃出較大的切口。

5 切香菇

先將香菇去除蒂頭之後，用菜刀斜切，在菇傘劃上十字切口。

6 燉煮

在另一個鍋中加入步驟2的牛蒡煮汁300mL和料理酒，煮沸後放入比目魚和牛蒡，以大火燉煮至煮汁減少至一半左右。

相較於甜味，鹹味更容易讓食材入味。因此晚一點加入調味料，可防止味道過鹹。

7 調味

加入A和香菇，放上落蓋後繼續燉煮。當煮汁開始呈現光澤時，加入溜醬油，稍微煮沸後就製作完成。

8 擺盤

將料理盛入器皿中，擺上生薑絲作為點綴。

可鋪在白飯上做成丼飯
也適合作為便當配菜

蒲燒沙丁魚

鮮嫩柔軟的沙丁魚肉裹上亮澤的醬汁，味道濃郁讓人欲罷不能，一口接著一口。
即使冷掉了也依然好吃，令人滿足。

2人份

沙丁魚	2條
生薑	20g
青蔥	5支
紫蘇葉	10片
炒白芝麻	適量
太白粉	適量
〈混合調味料〉	
濃口醬油	25ml
料理酒	25ml
味醂	25ml
砂糖	1/2大匙

一二三重點提示

一　用大名切法快速處理魚身

沙丁魚體型小且肉質柔軟，即使是第一次處理魚的人也相對容易上手。若在超市看到整條販售的沙丁魚，不妨試著挑戰看看。與三片切法相比，大名切法（P.42）的步驟更少，可以更快速地處理魚身。

二　用刷子薄刷一層太白粉

刷上太白粉能讓醬汁更確實附著在沙丁魚上。然而，若裹粉過多，太白粉燒焦的話，反而會產生特殊的異味。為了避免這種情況發生，關鍵在於使用刷子均勻地薄薄刷上一層太白粉。這個步驟可能會讓人覺得有點麻煩，但借助工具能更簡便地操作，也能讓料理更加美味。

三　一口氣拌入醬汁

事先將調味料混合好，等沙丁魚煎熟之後，請開大火迅速拌入醬汁。當醬汁氣泡開始變大，且汁液幾乎收乾時就起鍋。如果在這一個步驟動作太慢的話，煎至酥脆的沙丁魚會變得濕軟，調味料的香氣也會流失。

製作方法

1 沙丁魚的前置處理①

將沙丁魚的頭部朝向左邊放在砧板上。用左手輕輕按住頭部，然後用刀尖從頭部往尾部方向輕刮，去除魚鱗。

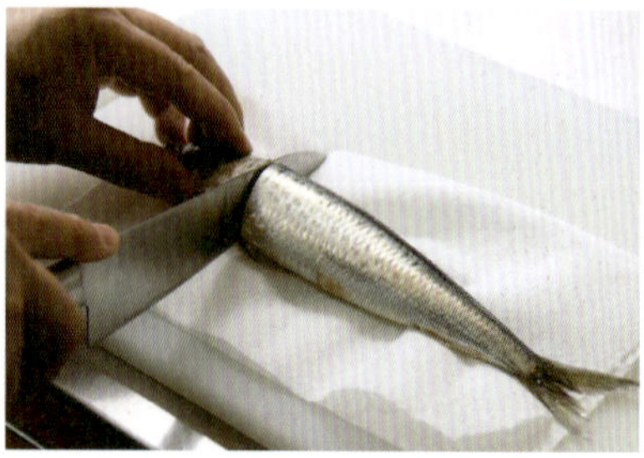

2 沙丁魚的前置處理②

從胸鰭下方下刀，切掉魚頭。

3 沙丁魚的前置處理③

將魚尾朝向自己、魚背朝向左邊擺放，從切口開始，沿著魚腹朝向魚尾稍微斜切，去除一部分。

用廚房紙巾纏繞在手指上，就能夠徹底清洗到每個角落。

4 沙丁魚的前置處理④

用刀尖將內臟取出。準備一個裝滿水的碗，將拇指伸入魚腹內部清洗。

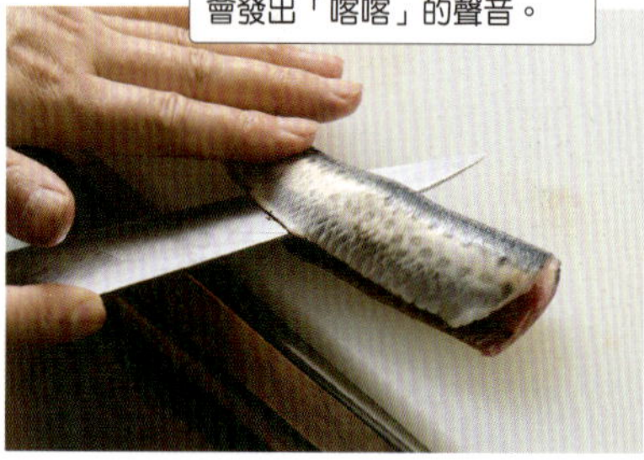
當刀刃確實地碰到中骨時，會發出「喀喀」的聲音。

5 使用大名切法①

將魚尾朝向左邊擺放，從魚頭朝向魚尾下刀，沿著中骨剖開。

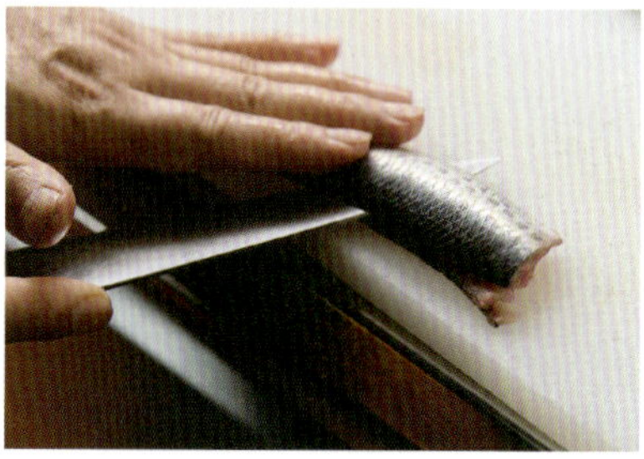

6 使用大名切法②

將魚身翻面，用同樣方法從魚頭朝向魚尾下刀，沿中骨剖開。

將魚放在砧板靠近自己的位置，與魚身平行下刀切開。

7 將魚對半展開①

從魚腹中央處下刀，切至厚度約一半的深度。

8 將魚對半展開②

在維持刀刃的狀態下，向側邊傾斜過去，將魚身水平切開並展開。另一側也以相同方式展開。

9 刷上太白粉

將剖開的魚肉排放在托盤上，並使用刷子均勻地刷上太白粉。

10 切辛香料食材

將生薑去皮並切碎。青蔥切成小段，紫蘇葉切成細絲。

11 混合調味料

將所有調味料的食材放入碗中攪拌混合。

12 煎熟

加熱平底鍋，倒入適量沙拉油（額外用量），將沙丁魚從皮面開始煎。煎至表面上色之後翻面即可。

13 調味

待兩面煎至上色後，轉成大火，加入步驟11的調味料，迅速翻炒使其均勻裹上醬汁。

14 擺盤

將沙丁魚裝盤，放上生薑、青蔥、青紫蘇，最後撒上炒白芝麻點綴。

小知識專欄

三枚切法與大名切法

這兩種切法都是將魚分解為去除中骨的兩片魚肉，與中骨共三部分的處理方式。不過，「大名切法」會讓較多的魚肉殘留在中骨上，因此得名，是「奢華的切法」的意思。然而，對於像沙丁魚或竹莢魚這類體型較小的魚來說，兩種切法所留下的魚肉量並沒有太大的差異。反而因為「大名切法」的刀工步驟較少，更適合初學者操作，且不易傷及魚肉，能更美觀地完成魚的處理，因此特別推薦給新手。

沙丁魚的大名切法

松子與山椒葉的香氣
充滿春天氣息

山椒味噌烤干貝

一二三庵的人氣山椒葉味噌，搭配肉質厚實的烤干貝。
請盡情享受滿溢口中的清新春日香氣。

2人份

- 干貝——4塊
- 筆薑——4根

〈山椒葉味噌〉

- 山椒葉——5g
- 松子——20g
- A
  - 白味噌——20g
  - 料理酒——少許
  - 淡口醬油——少許

一二三重點提示

一　干貝需充分調味

製作魚類料理時，撒鹽主要是為了去除腥味，但在使用干貝的情況下，撒鹽是為了調味。淡雅的肉質撒上適量的鹽後，不僅能增添風味，還能去除多餘的水分，使鮮味更加濃縮。

二　加入松子增添醇厚風味

將松子加入山椒葉味噌中，是一二三庵的獨特作法。松子的油脂與甜味，能讓味噌的口感更加溫潤醇厚。但由於油脂含量較高，在煎烤時容易燒焦，因此需特別注意火候。

三　以筆薑增加風味層次

筆薑的風味與山椒葉味噌相得益彰，建議兩者搭配食用。假如要自製筆薑，只要將葉生薑稍微汆燙後，放入調製好的甘醋（水50ml、醋50ml、砂糖1小匙、鹽一撮）中，醃漬約1小時，即可享用。

製作方法

干貝的味道較清淡，因此需要透過鹽分滲透來充分入味。

1 干貝的前置處理

將干貝排放在托盤上，撒上適量的鹽（額外用量）之後，靜置30分鐘。

2 製作山椒葉味噌①

將山椒葉放入研磨缽中，徹底磨至細碎。

3 製作山椒葉味噌②

加入松子後，再繼續研磨至呈現糊狀。

味噌較容易產生焦味，因此注意不要烤過頭。

4 製作山椒葉味噌③

加入A，繼續研磨至均勻。

5 烤干貝①

將干貝排放在燒烤架上，烤至約七分熟。

6 烤干貝②

在干貝兩面塗抹步驟4的山椒葉味噌後，繼續烤至表面上色。

7 擺盤

將料理盛入器皿中，放上筆薑作為點綴。

濃郁油亮的醬汁
令人食慾大開

照燒鰤魚

烤得鬆軟的鰤魚裹上油亮醬汁，帶來極致美味的享受。
在濃郁的風味中，仍能清楚感受到鰤魚與蔬菜的鮮美。

2人份

鰤魚切片	2片
大蔥（蔥白）	6cm
生薑	20g
紅蘿蔔	3cm
白蘿蔔	2cm
麵粉	適量
〈混合調味料〉	
濃口醬油	2大匙
料理酒	2大匙
味醂	2大匙
洋蔥（磨碎）	30g
蜂蜜	1大匙
赤味噌	1小匙
生薑（磨碎）	1/2大匙

一二三重點提示

一　用洋蔥為照燒醬增添甘甜風味

使用磨碎的洋蔥為照燒醬增添甘甜風味，是一二三庵獨有的特色。在熬煮醬汁的過程中，洋蔥的辛辣會轉化為甘甜，帶來與調味料不同的醇厚口感與香氣。

二　以赤味噌增加風味層次

以淡口醬油為基底的醬汁中，加入赤味噌作為隱藏風味，是讓料理更美味的小巧思。經過長時間熟成的赤味噌，具備特有的濃厚醇味，能為料理增添更深的風味層次。

三　擦去鰤魚多餘的油脂

煎好的鰤魚在裹上醬汁之前，請先用廚房紙巾擦去多餘的油脂。如果直接保留油脂，可能會導致醬汁與油脂分離，影響味道的附著效果。

製作方法

藉由鹽分釋放出多餘的水分，可去除鰤魚的腥味。

白蘿蔔的十字刀痕，不僅有助於讓味道更滲透，也是為了便於以筷子切割的貼心設計。

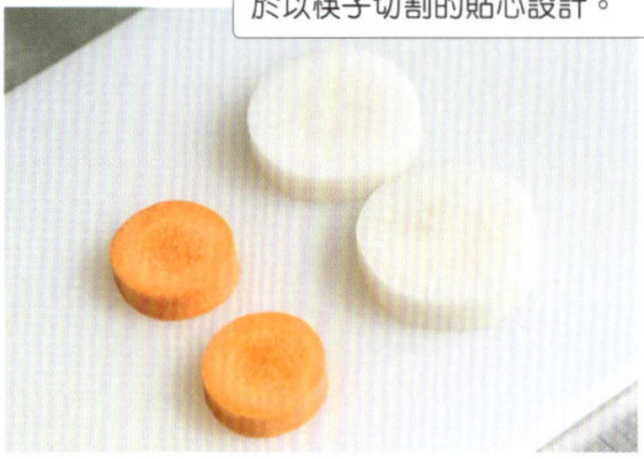

1 鰤魚的前置處理

將鰤魚排放在托盤上，撒上適量的鹽（額外用量）之後，靜置15分鐘。然後，用廚房紙巾擦去釋出的水分。

2 切蔬菜①

將蔥切成細絲，生薑切成碎。

3 切蔬菜②

將紅蘿蔔切成圓片。白蘿蔔去皮後切成1cm厚圓片，並在其中一個切面劃上淺淺十字形切口。

4 將調味料混合

將所有調味料的材料放入碗中攪拌均勻。

5 煎蘿蔔

在平底鍋中加入適量玄米油（額外用量）加熱後，將紅蘿蔔與白蘿蔔煎至雙面呈金黃色取出。

6 煎鰤魚

用刷子在鰤魚表面均勻薄刷上一層麵粉，然後煎至雙面呈現金黃色。接著，用廚房紙巾擦去多餘的油脂。

7 調味

將步驟5、6的食材放回平底鍋中，倒入混合好的調味料，讓醬汁均勻裹上食材，並以大火煮至醬汁略顯濃稠。

8 擺盤

將鰤魚、紅蘿蔔、白蘿蔔盛入器皿中，撒上生薑碎，最後以蔥絲點綴。

豐富的蕈菇芡汁
打造溫和風味

蕈菇燴鮭魚

表面煎得香脆的鮭魚，裹上清爽的醬汁。
四種菇類與銀杏交織出的口感，讓每一口都有不同的層次變化。

2人份

生鮭魚切片		2片
舞菇		1/2袋
鴻喜菇		1/2袋
香菇		2朵
杏鮑菇（大）		1支
銀杏		8顆
A	基本高湯（P.25）	300ml
	淡口醬油	2大匙
	濃口醬油	2小匙
	味醂	2大匙
	砂糖	1/2小匙
〈太白粉水〉		
水		3大匙
太白粉		3大匙

一二三重點提示

一　預先調製太白粉水並靜置一晚

若將太白粉溶於水後立刻使用，可能會影響口感。若時間允許，可先將太白粉泡在水中靜置一晚，隔天將原本的水倒掉，再用乾淨的水重新調製，這樣能讓勾芡變得更滑順。

二　確保太白粉水充分加熱

在蕈菇煮汁中加入太白粉水後，記得要加熱至呈現透明狀態。若加熱時間過長，勾芡的濃稠度會變弱，因此要開大火持續攪拌，加熱至適當的狀態即立刻關火。

三　鮭魚薄刷一層麵粉

鮭魚撒鹽後，先用廚房紙巾吸去水分，並用刷子均勻地薄刷一層麵粉，再下鍋煎熟。這道手續，能讓鮭魚充分沾裹上勾芡的醬汁，形成更好的口感。

製作方法

撒鹽的主要目的是為了調味，使鮭魚的肉質帶有鹹味，讓味道更濃郁。

1 鮭魚的前置處理

將鮭魚排放在托盤上，撒上適量的鹽（額外用量）後，再靜置30分鐘。

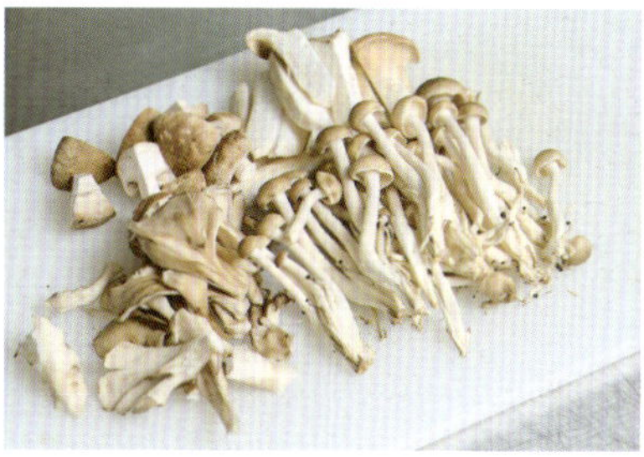

2 切蕈菇

將舞菇分成小朵。鴻喜菇切除根部，並分成小朵。香菇切除根部後，切兩半。杏鮑菇則先縱向切兩半，再橫切成1/2或1/3大小。

3 銀杏的前置處理

如果銀杏帶殼，先用鉗子等工具輕輕敲裂外殼，取出果實後，浸泡在水（額外用量）中約10分鐘，使薄皮變軟。再輕柔地剝除薄皮，並擦乾水分。

4 製作蕈菇勾芡醬汁①

在另一個鍋中加入A煮沸，然後放入處理好的蕈菇和銀杏之後，再次煮沸。

若擔心結塊，可先關火，再倒入太白粉水。

5 製作蕈菇勾芡醬汁②

轉大火，倒入太白粉水，充分攪拌。加熱至勾芡醬汁呈透明感。

6 煎鮭魚①

將鮭魚多餘的水分用廚房紙巾擦乾後，撒上胡椒（額外用量），再以刷子薄薄地拍上麵粉（額外用量）。

7 煎鮭魚②

在平底鍋中倒入玄米油（額外用量），將鮭魚兩面煎至呈現金黃色澤。

最後淋上蕈菇勾芡醬汁時，擺上銀杏作為點綴，會讓擺盤色彩更豐富。

8 擺盤

將鮭魚盛入器皿中，並淋上蕈菇勾芡醬汁。

無論趁熱吃或冷藏後食用
滋味都美味無比

鮭魚南蠻漬

鮭魚的酥脆外衣，裹上酸甜的南蠻醋，無論搭配白飯或佐酒都十分合適。
剛做好的美味毋需多言，非常推薦多準備一些作為常備菜。

2人份

- 生鮭魚切片 —— 2片
- 大蔥（蔥白）—— 1根
- 鷹爪辣椒 —— 1根
- 麵粉 —— 適量
- 炸油 —— 適量

〈南蠻醋〉

- 基本高湯（P.25）—— 250ml
- 淡口醬油 —— 100ml
- 味醂 —— 60ml
- 醋 —— 100ml

一二三重點提示

一 確認油溫

如果沒有可測高溫的溫度計，可利用麵衣（將麵粉溶於水的混合物）來確認。將少量麵衣滴入油中，若沉入鍋底後立即浮起，即為約180°C的標準。

二 醋最後再加，才能保留酸味

製作南蠻醋時，關鍵在於醋的加入時機。若與其他調味料一起加熱，會導致酸味揮發，味道變得不明顯。因此，記得要在關火之後，最後再加入醋。

三 炸好的鮭魚要趁熱浸泡在熱南蠻醋中

將剛炸好的鮭魚和蔥浸泡在熱南蠻醋中，能讓味道更快入味。此技巧不僅適用於南蠻漬，更能運用在其他料理中。記住這個方法，一定會派上用場喔！

製作方法

1 切蔥

將蔥切成約3cm的長段。

2 鷹爪辣椒的前置處理

將鷹爪辣椒的蒂頭切除，再用竹籤插入切口，把種子挑出。

3 切鮭魚

將鮭魚切成方便食用的大小，並薄刷上一層麵粉。

4 炸鮭魚和蔥

將油加熱至180°C，放入鮭魚炸至表面呈現香脆的金黃色。蔥以不裹上麵衣油炸（素炸）的方式處理。

5 瀝油

將炸好的鮭魚和蔥放在廚房紙巾上，去除多餘的油分。

加入醋之前，需充分加熱至沸騰，使調味料的味道融合，釋放鷹爪辣椒的香氣。

6 煮南蠻醋

在鍋中加入醋以外的調味料和鷹爪辣椒，加熱至沸騰後關火，最後再加入醋。

7 食材浸泡南蠻醋①

將步驟5和6趁熱放入醃漬容器中，鷹爪辣椒也一起放進去。

用廚房紙巾覆蓋能讓味道更易入味。

8 食材浸泡南蠻醋②

用廚房紙巾緊密覆蓋在食材表面，在常溫中醃漬半天（夏季或炎熱的時候，待餘溫散去後需放入冰箱保存）。

9 擺盤

將鮭魚和蔥堆疊擺放在器皿中，淋上醃漬醬汁，最後撒上切圓片的鷹爪辣椒。

和風豆乳醋與柑橘的酸味
清爽怡人

鰹魚半敲燒沙拉

將鰹魚半敲燒改良，在家就能輕鬆製作。
佐以大量蔬菜擺盤，呈現繽紛的沙拉風格。

2人份

鰹魚（生魚片用）	1塊
茗荷	2個
洋蔥	1/2顆
小黃瓜	1/2條
番茄（小）	1顆
紫蘇葉	4片
無糖豆漿	100ml
醋	2大匙
〈沙拉醬汁〉	
柑橘醋	90ml
玄米油	1大匙
柚子胡椒	2/3小匙

一二三重點提示

一 用家中常備的調味料自製柑橘醋

如果家裡剛好沒有柑橘醋，不妨試試這款簡易自製版。只需將20ml柑橘汁、2小匙醋、20ml濃口醬油、1大匙味醂，以及2小匙基本高湯（P.25）充分混合，即可完成。

二 表面炙燒時要掌握好火候變化

炙燒鰹魚時，需注意「皮面要烤透，魚肉則迅速加熱」。皮面應烤至略帶焦色、香氣四溢，而魚肉僅需加熱至顏色稍微變化，即可達到美味的效果。

三 豆乳醋讓鰹魚的酸味更溫潤

和風豆乳醋帶有茅屋起司般的風味，能中和鰹魚本身的酸味，賦予其更加溫潤的口感。與加入柚子胡椒的沙拉醬汁搭配，更是一絕。

製作方法

請使用充分加熱的平底鍋，迅速煎過鰹魚表面。如果以小火慢煎，會讓魚肉過熟。

1 煎鰹魚表面

在平底鍋中倒入少許玄米油（額外用量），開大火加熱。將鰹魚的皮面朝下，煎至表面帶有金黃焦色並散發香氣。魚肉僅需煎至表面顏色稍微變化即可。

2 切蔬菜①

將茗荷切細絲，快速沖洗後瀝乾水分。洋蔥順著纖維切成薄片，並浸泡在流水中。

3 切蔬菜②

將小黃瓜縱向對半切開，去除瓜囊後，切成1cm的塊狀。番茄也切成1cm的塊狀。紫蘇葉則稍微切碎。

魚肉先靜置放冷再切，才能維持恰當的熟度。先在魚皮表面淺淺劃幾刀後再切片，能夠切得更整齊美觀。

4 製作豆乳醋①

將無糖豆漿倒入鍋中加熱，煮至沸騰時加入醋。

5 製作豆乳醋②

一邊加熱一邊攪拌，當豆漿開始分離時，將其倒入鋪有紗布的濾網過濾。

6 切鰹魚

待鰹魚冷卻後，切成約1cm厚的片狀。

按照洋蔥、鰹魚、小黃瓜、番茄的順序來擺盤，色彩更鮮豔。

7 製作沙拉醬汁

將沙拉醬汁的材料放入碗中混合均勻。

8 擺盤

將鰹魚和各種蔬菜盛入器皿中，淋入豆乳醋和沙拉醬汁，最後放上茗荷。

輕盈酥脆的外衣
襯托鮪魚的鮮美風味

炸生鮪魚

外層酥脆、內裡鮮嫩的橫切面，讓人食指大動。
將整塊鮪魚下鍋油炸，豪邁的料理方式，卻能細膩展現食材的鮮美風味。

2人份

	鮪魚（生魚片用）	2片
	洋蔥	1/4顆
	綠色花椰菜	1/4顆
	麵粉	適量
	麵糊 ※將水與麵粉以1:1的比例混合。	適量
	麵包粉	適量
	炸油	適量
A	基本高湯（P.25）	50ml
	淡口醬油	25ml
	味醂	25ml
	中濃醬	1大匙
	醋	25ml
	日式黃芥末	適量
	〈葛粉水〉	
	葛粉	10g
	水	2小匙

一二三重點提示

一 細緻麵包粉帶來輕盈口感

建議將一般的乾燥麵包粉，以食物調理機打碎後再使用。這樣可以讓口感更細緻，容易入口，且能品嚐到鮪魚原本的口感與鮮美滋味。

二 僅讓外層麵衣受熱

這道料理的美味關鍵在於，酥脆的外層麵衣與鮪魚的鮮嫩口感，因此絕對不能炸過頭。放入油鍋後，請隨時注意狀態，一旦呈現香酥的金黃色，就要立刻撈起。

三 享受蔬菜半熟的鮮甜風味

與鮪魚一樣，蔬菜若炸得過熟，就會失去原有的口感與香氣。建議切成較大塊，並保持青翠的半熟狀態，這樣才能帶出蔬菜的鮮甜與美味。

製作方法

1 切菜

洋蔥切成1.5cm寬的半月形，並用牙籤固定。花椰菜分成小朵。

2 抹上麵粉

用刷子在洋蔥、花椰菜和鮪魚表面輕輕抹上麵粉。

裹上麵包粉後，請輕輕按壓使其緊密貼合，避免脫落。

3 裹上麵衣

將麵粉與水以1：1的比例調勻，製成麵糊。接著將步驟2的食材裹上麵糊後，再裹上麵包粉。

4 炸鮪魚

將油加熱至180°C，放入鮪魚，炸至表面酥脆、呈現金黃色澤後，取出放在廚房紙巾上，瀝去多餘的油脂。

5 炸蔬菜

同樣將洋蔥和花椰菜下鍋炸熟後，取出放在廚房紙巾上，瀝去多餘的油脂。

與太白粉比起來，葛粉即使冷卻後也不會失去稠度。

6 製作醬料①

將A倒入鍋中加熱，煮沸後加入葛粉水並攪拌。

7 製作醬料②

關火後加入醋，倒入碗中，放涼至常溫後，再拌入日式黃芥末。

8 擺盤

將鮪魚切成厚約1cm，擺放在器皿中，使切面清晰可見。再放上洋蔥和花椰菜，最後淋上醬汁。

增加風味的「肉類前置處理」

無論是日常餐桌上，還是特別的饗宴，肉食主菜總是備受喜愛。
與魚類相同，要讓肉類料理美味可口，
關鍵在於依照肉的種類與部位，進行適當的料理前置處理。

肉類的料理前置處理

在選購肉品時，應挑選表面鮮嫩、水分充足、色澤鮮豔且無滲出血水的產品。
基本的料理前置處理方式可分為兩大通用步驟，
此外，還需根據肉的種類與部位採取不同的處理方法。

所有肉類

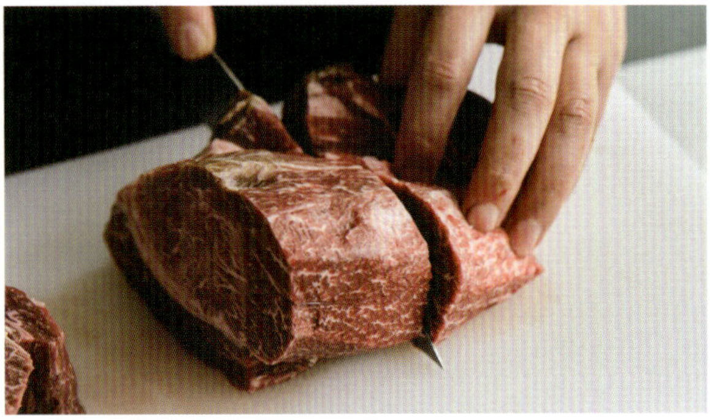

1 擦去表面的水分

烹調前使用廚房紙巾等將肉表面的水分輕輕擦乾，減少異味。

2 垂直於纖維方向切割

確認肉的纖維方向，並垂直於纖維方向切割，這樣可以讓肉吃起來更加柔嫩。

牛肉・豬肉

進行去筋處理

切筋的目的在於，防止肉在加熱時收縮變形，並確保受熱均勻。建議在瘦肉與脂肪的交界處，每隔約2cm就劃一道切口。薄肉從其中一側切開，直接貫穿筋膜。厚肉則要從兩側分別劃開，使筋膜完全斷裂，避免烹調時肉塊變形。

雞腿肉

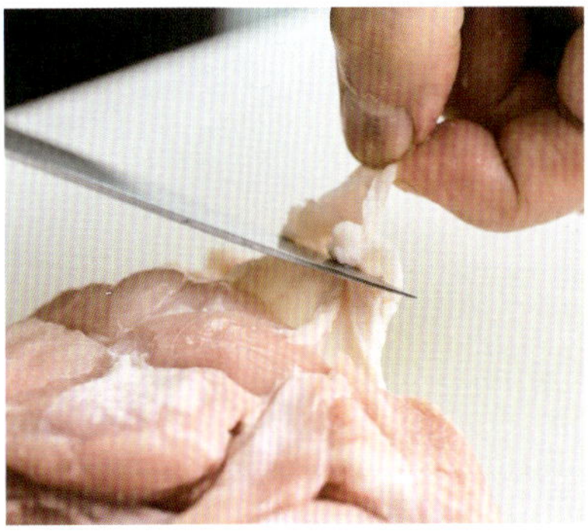

1 去除多餘油脂

將雞肉的黃色脂肪與突出於雞肉表面的多餘脂肪用刀尖切除，能抑制腥味並降低油膩感。

2 在雞皮上戳孔

將雞皮朝上放置，使用刀尖或叉子均勻地戳出小孔，這樣能幫助調味滲透，同時也能防止雞皮加熱時縮起變形。

3 進行切筋處理

這個方法很適合用於整塊肉的料理。將雞肉皮面朝下、肉朝上攤平，橫向擺放，接著沿縱向每隔約2cm劃一道切口。

雞胸肉

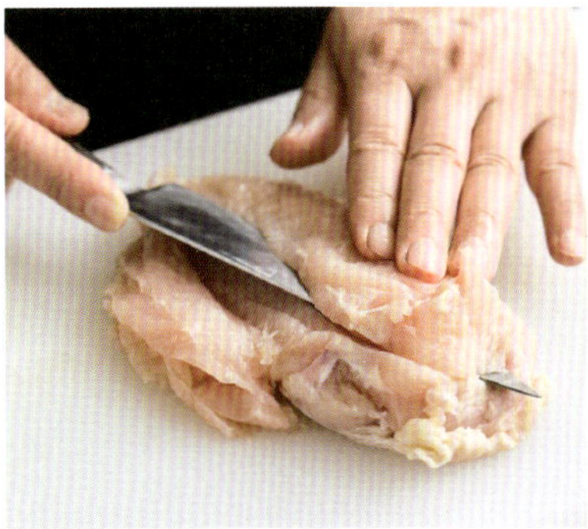

切開攤平

將雞胸肉從中央厚度一半的位置劃一刀，接著沿切口切開（但不切斷）後攤平。透過這種方式先讓肉變薄，能確保受熱均勻。

雞里肌

去筋處理

沿雞里肌上白色筋膜兩側劃出切口，然後將刀切進筋膜下方，小心地將筋膜與肉分離。去除筋膜能防止肉收縮，並提升口感。

入口即化的柔嫩口感
清爽的風味

豬肉角煮

雖然厚實飽滿，卻柔嫩得能用筷子輕輕切開，入口時更是意外地清爽不膩。
這道料理需要花費心力與時間精心烹調，
但成品的細緻口感與高雅風味，定能讓人露出滿足的笑容。

容易製作的分量

五花肉塊	1kg
米糠	2杯
生薑	30g
雞蛋	4顆
日式黃芥末	適量
〈煮汁〉	
水	1200ml
地瓜燒酎	100ml
濃口醬油	65ml
黑砂糖	15g
砂糖	30g

一二三重點提示

一　細心去除腥味與多餘油脂

製作過程中，最耗時的步驟便是，先將豬肉煎過後汆燙去腥，接著透過蒸煮，去除多餘油脂的繁瑣過程。現在連專業廚師也不一定會做到這一步。但我們相信，這是讓料理變美味的不二法門。因此，在一二三庵，我們始終堅持這道工序，絕不省略。

二　融入地方食材風味

我們使用盛產豬肉的鹿兒島地瓜燒酎，及以豬肉角煮聞名的沖繩黑砂糖，作為調味點綴。選用與食材淵源深厚的地方調味料，能讓味道自然地更具層次與平衡感。如果家中沒有這些材料，也可用等量的料理酒與砂糖代替。

三　耐心等待靜置入味

燉煮型料理的美味，往往在於冷卻的過程中入味。若想品嚐最佳風味，請忍住立刻大快朵頤的衝動，讓豬肉靜置在鍋中一整天。這樣，燒酎的香氣、黑糖濃郁的甜味，以及醬油的色澤，便能慢慢吸收至豬肉與滷蛋中。

製作方法

1 切豬肉

將豬肉均切成每塊100g左右。

由於豬肉本身會釋放油脂，因此不需額外添加油。將兩面煎至焦香，有助於避免燉煮時肉塊散開。

2 煎

將切好的豬肉放入平底鍋中，兩面煎至呈金黃色。過程中，用廚房紙巾擦去鍋內多餘的油脂。

米糠具有去除肉腥味，並軟化纖維的效果。

3 水煮

在鍋中依序放入煎好的豬肉、大量的水（額外用量）以及米糠，蓋上落蓋，煮1小時。

4 清洗

將豬肉以濾網撈起後，用流水徹底將米糠沖洗乾淨。

此步驟是為了消除僅靠清洗無法完全去除的米糠氣味。

5 水煮

將豬肉放回稍微清洗過的鍋子中，加入淹過豬肉的水，加熱至沸騰。

去除多餘的油脂之後，成品會更加清爽不油膩。

6 蒸

在蒸鍋中加入適量的水（額外用量），水煮沸後，放入豬肉，蒸1小時。

輕拍生薑破壞其纖維，可使香氣更容易釋放。

7 切生薑

將生薑連皮一起切成薄片，並用刀背輕輕拍打。

8 燉煮①

在鍋中放入蒸好的豬肉、煮汁的食材（地瓜燒酎留一半備用）、生薑，開火加熱。

9 燉煮②

加熱至煮汁減少至一半時，加入煮熟並剝殼的雞蛋，繼續燉煮。

將之前剩下一半的地瓜燒酎留到最後再加，香氣會更加濃郁。

10 燉煮③

將煮汁收煮至泡沫變大後，加入剩下的地瓜燒酎，煮滾後立即關火。讓其在室溫下靜置一整天（夏季則等到放涼之後，放入冰箱內冷藏）。

11 擺盤

將豬肉與對半切開的雞蛋裝入器皿中，淋上煮汁，並搭配日式黃芥末一起享用。

品味軟嫩的牛肉與
鬆軟入味的蔬菜

馬鈴薯燉肉

馬鈴薯燉肉的特色，往往體現於食材大小與燉煮程度的不同，各家都有獨特的風味。
一二三庵的馬鈴薯燉肉講究充分燉煮，讓食材吸收醬汁，味道更為濃郁入味。

2人份

馬鈴薯		3顆
洋蔥		1/2顆
紅蘿蔔		1/2根
牛邊角肉		100g
荷蘭豆		4個
〈煮汁〉		
A	基本高湯（P.25）	300ml
	味醂	1/2大匙
	料理酒	1大匙
	砂糖	2大匙
濃口醬油		25ml
淡口醬油		1小匙

一二三重點提示

一 避免牛肉炒過熟

雖然這道料理的主角是蔬菜，但別忘了讓牛肉也能發揮其美味。炒食材時，應先放入較大的蔬菜，牛肉則是晚點下鍋，且稍微翻炒至變色即可。

二 先用醬油以外的調味料燉煮

若一開始就用醬油燉煮，味道容易過鹹，反而掩蓋食材的原味。建議先以高湯、酒和帶有甜味的調味料燉煮，讓食材慢慢吸收風味，味道會更加平衡。

三 最後用淡口醬油收尾

燉煮至收汁後，最後再加入淡口醬油，並撒一點鹽來提升風味的層次。雖然用量不多，但能讓醬油的香氣更為鮮明，突顯整體味道的輪廓。

燙煮可以使豆莢顏色更鮮豔。燙好後須立即放入冷水中降溫，以固定色澤。

1 切蔬菜

馬鈴薯去皮後，以縱向一刀、橫向三刀的方式切成六等分；洋蔥去皮後，切成八等分的楔形塊；紅蘿蔔去皮後，切成較大的滾刀塊。

2 荷蘭豆去絲

直立握住荷蘭豆，朝向較直的一側折斷蒂頭，並慢慢往下拉、去除筋絲。

3 汆燙荷蘭豆

將荷蘭豆放入滾水中迅速汆燙後，撈起放入冷水降溫，瀝乾水分後，斜切成兩半。

牛肉若炒得過久會變得乾柴，因此這裡不需要完全炒熟。

將濃口醬油分次加入，可以讓鹹味更溫和地滲進食材中。

4 炒食材

鍋中加入適量的玄米油（額外用量）並加熱，放入步驟1切好的蔬菜，翻炒至表面略微透明，接著加入牛肉，稍微拌炒均勻。

5 調味

加入A，蓋上廚房紙巾當作落蓋，煮至沸騰。然後取下廚房紙巾，每10～15分鐘分次加入濃口醬油，繼續燉煮。

6 燉煮至收汁

當煮汁減少至一半以下時，加入淡口醬油，待煮沸後關火。

7 擺盤

將燉煮好的料理裝入器皿中，最後撒上荷蘭豆作點綴。

適合重要日子享用的
一二三庵招牌料理

牛肉味噌煮

精心燉煮的牛腱肉，軟嫩至入口即化。
使用整顆大蒜，卻毫無辛辣感，帶來令人驚豔的細緻風味。

容易製作的分量

牛腱肉		1kg
大蒜		1顆（60g）
綠色花椰菜		1/2顆
水		4L
料理酒		400ml
砂糖		70g
A	赤味噌	60g
	米味噌	20g
	料理酒	1大匙
濃口醬油		1小匙

一二三重點提示

一　仔細處理，去除牛肉腥味

為了充分展現美味的調味，細心的前置處理非常重要。牛腱肉在燉煮前，先煎至表面上色，去除腥味，接著再汆燙，進一步消除煎過之後的油脂氣味。

二　燉煮至大蒜完全融化

大量的大蒜在與牛肉一起燉煮的過程中，會自然地化為糊狀。這不僅能去除牛腱的腥味，還能為湯汁增添醇厚的甜味，可說是這道料理的關鍵食材。

三　砂糖需分次少量加入

砂糖具有讓肉質變軟的效果，但若一次加太多，反而適得其反。由於本食譜使用較多量的砂糖，建議分三次於燉煮過程中逐步添入。

製作方法

1 切牛肉

將牛肉切成一口大小的塊狀。

2 大蒜的前置作業

將大蒜一瓣一瓣地剝開，並去除外皮。

3 汆燙花椰菜

將花椰菜分成小朵，放入滾水中汆燙約2分鐘，撈起後瀝乾，並用扇子搧涼備用。

為了防止燉煮時肉塊散開，並去除腥味，需要將表面煎至呈金黃色。

4 煎牛肉

在平底鍋中倒入適量玄米油（額外用量），放入牛肉，煎至整個表面呈現金黃色。

透過汆燙，去除在步驟4中附著於牛肉上的焦脂氣味，達到清洗效果。

5 汆燙牛肉

將煎好的牛肉放入鍋中，加入足量的水（額外用量）蓋過牛肉，開火加熱。沸騰後倒掉熱水，並將牛肉撈起、瀝乾。

燉煮過程中，加入料理酒可以保持濕潤，防止肉質變硬。

6 燉煮①

將牛肉放回鍋中，加入配方中的水和大蒜，開火燉煮，直到煮汁減少至約 2/3。接著加入酒，繼續燉煮。

7 燉煮②

當煮汁減少至一半時，分三次加入砂糖，逐步調味。

8 調味

煮汁收至約1/3時，將A溶入鍋中，接著加入濃口醬油，煮至沸騰後關火。

放在室溫下靜置一晚，味道會更入味。

9 擺盤

將燉煮好的料理裝入器皿中，並放上花椰菜。

以低溫烹調的方式
呈現爐烤般的濃厚風味

和風烤牛肉

櫻花色的牛肉剖面美麗誘人，為餐桌增添華麗氣息。
淡雅高湯香氣加點日式黃芥末，更能襯托肉的甘甜味。

容易製作的分量

	牛腿肉塊	1kg
	大蒜	1瓣
A	基本高湯（P.25）	750ml
	料理酒	250ml
	濃口醬油	250ml
B	伍斯特醬	2小匙
	砂糖	1小匙
	日式黃芥末	適量
	〈葛粉水〉	
	水	2小匙
	葛粉	10g

一二三重點提示

一 準備整塊牛肉

請選用厚度至少5cm以上的牛腿肉塊。如果肉塊太薄或太小，會太快熟透，無法呈現理想的櫻花色剖面。

二 維持70°C加熱

為了讓牛肉保持濕潤且柔軟，煮汁的溫度應維持在70°C。70°C大約是目測整體開始緩緩冒蒸氣，但尚未沸騰的狀態。

三 牛肉浸泡煮汁靜置一晚

低溫慢煮後，讓牛肉繼續留在鍋內靜置半天，待冷卻後再放入冰箱冷藏一晚。在煮汁逐漸冷卻的過程中，牛肉會適度受熱，並充分吸收高湯的香氣與醬油風味。

製作方法

1 大蒜的前置處理

將大蒜去皮後，磨成蒜泥。

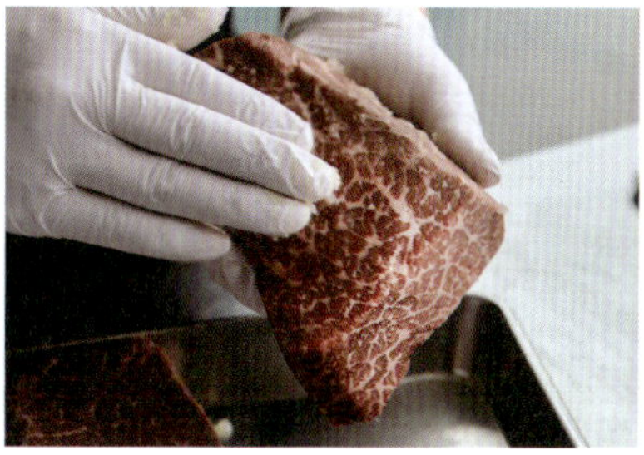

2 初步調味

將蒜泥均勻地塗抹在牛肉上，再撒上適量的鹽和黑胡椒（皆為額外用量）。

3 煎烤

在平底鍋中倒入適量玄米油（額外用量），放入牛肉，用大火將表面煎至上色。

使用溫度計時，請注意不要接觸鍋底，否則無法正確測量溫度。

4 燉煮①

在鍋中加入A，加熱至70°C。

5 燉煮②

將牛肉加入步驟4的鍋中，保持70°C並煮30分鐘。

6 靜置

關火後，讓牛肉泡在煮汁中，靜置一個晚上。（夏季或炎熱天氣時，待餘熱散去後需放入冰箱保存。）

日式黃芥末微辣的刺激感能突顯肉的甘甜風味，請根據個人口味調整用量。

7 製作醬汁

另取一個鍋子，將步驟6中的煮汁100ml與B一起加熱，煮沸後加入葛粉水，攪拌至醬汁變濃稠，最後加入日式黃芥末並拌勻。

8 擺盤①

將醃製一晚的牛肉切成薄片。

9 擺盤②

將牛肉片裝入器皿中後，淋上醬汁，即可享用。

利用麴的力量軟化肉質
口感醇厚滑順

豬肉味噌漬

將豬肉浸泡在一二三庵特製的味噌醬汁中，之後只需放入烤箱烘烤即可。
由於保存期限較長，建議一次多醃製一些，方便隨時享用。

容易製作的分量

豬里肌肉	4片（約1.5cm厚）
茗荷	2個
〈味噌醬〉	
料理酒	200ml
甘酒	500ml
粗粒白味噌	700ml
米味噌	300g
〈甘醋〉	
水	50ml
醋	50ml
砂糖	1小匙
鹽	1撮

一二三重點提示

一　利用甘酒讓肉質變得柔嫩

味噌醬的甜味來源是由米與米麴製成的甘酒。麴具有分解蛋白質的作用，能使肉質更加柔嫩，且與同為發酵食品的味噌相得益彰，風味絕佳。

二　重疊醃漬，密封入味

醃漬豬肉時，按照「味噌醬→豬肉→味噌醬→豬肉→味噌醬」的順序層層堆疊放入保存容器中。不使用紗布或保鮮膜，也能讓豬肉充分醃漬，這是一個簡單又實用的小技巧。

三　搭配爽口的茗荷甘醋漬

濃郁的豬肉料理，最適合搭配爽口的茗荷甘醋漬。將茗荷對半切開，快速汆燙後放入甘醋中醃漬，靜置約一小時，即可享用。

1 豬肉的前置處理

用刀劃開豬肉片上的筋膜。

2 製作味噌醬

在碗中放入味噌醬的所有材料，攪拌均勻。

3 醃製

在保存容器中交替放入味噌醬與豬肉，層層堆疊後冷藏3天。

味噌醬非常容易燒焦，請確實擦拭乾淨後再烘烤。

4 擦除味噌醬

取出豬肉，並用廚房紙巾等將味噌醬擦拭乾淨。

5 烘烤

將豬肉放入預熱至200°C的烤箱中，烘烤約20分鐘。

6 擺盤

將烤好的豬肉切成方便食用的大小後裝入器皿中，搭配茗荷甘醋漬一起享用。

小知識專欄

豬肉味噌漬的保存方法

冷藏

【保存期限】約3天

【保存方法】將豬肉連同味噌醬放入夾鏈袋中，排列時避免重疊。擠出空氣密封後，放入冰箱冷藏。

冷凍

【保存期限】約2週

【保存方法】與冷藏方式相同，將豬肉連同味噌醬裝入夾鏈袋中，放入冷凍庫保存。

【解凍】放在冷藏室解凍，靜置約半天即可使用。

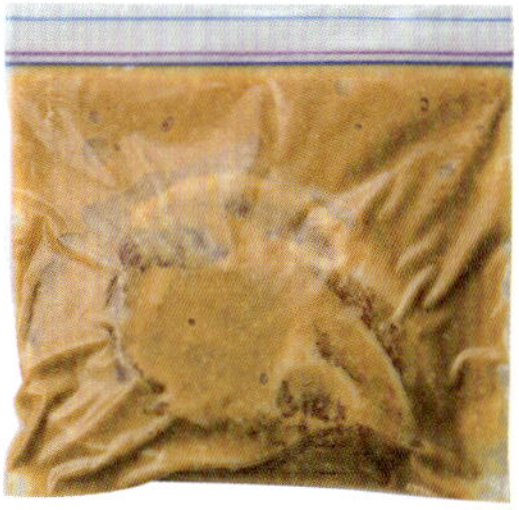

吸收肉汁鮮味的蔬菜
才是主角

蔬菜豬肉捲

豬肉的肉汁與蔬菜的鮮嫩多汁完美結合，帶來清爽的口感。
不僅適合作為日常餐桌上的料理，也非常推薦當作便當菜。

2人份

豬里肌薄片	6片
番茄	1/2顆
四季豆	3個
茄子	1/2條
麵粉	適量
〈混合調味料〉	
濃口醬油	2大匙
料理酒	2大匙
味醂	2大匙
砂糖	2/3大匙

一二三重點提示

一 肉片刷上麵粉後再捲蔬菜

在豬肉片的內側用刷子均勻刷上麵粉，然後用肉片將蔬菜捲起來。吸收了水分的麵粉能發揮黏合作用，讓肉與蔬菜緊密貼合，不易散掉。

二 煎烤時將肉捲封口朝下

熱鍋後，務必要將肉捲封口朝下擺放入鍋中。先將封口部分煎熟固定，可防止肉捲在料理過程中散開。

三 醬汁以大火快速收汁

若加熱時間過長，蔬菜會釋放水分，導致味道變淡。因此，加入調味料之後，應以大火快速收汁，並滾動肉捲，使其均勻裹上醬汁。

根據肉的大小來切蔬菜，不僅更容易捲起，外觀也更美觀。

1 切蔬菜

將番茄切成六等分的半月形。四季豆切成與豬肉片相同的寬度。茄子也切成與豬肉片同寬的長度後，再縱向切成四等分。

2 用豬肉捲蔬菜

將豬肉片攤開，用刷子刷上一層薄麵粉後，放上蔬菜並捲起來。

表面的麵粉能防止肉質變硬，並有讓醬汁均勻附著的效果。

3 刷上麵粉

捲好之後，在肉捲表面輕刷上一層麵粉。

4 拌勻所有調味料

在碗中放入所有調味料，並攪拌均勻。

5 煎烤

加熱平底鍋，倒入適量玄米油（額外用量），將肉捲封口朝下放入鍋中，煎至封口固定後翻面，將表面煎至均勻上色。

6 調味

確認豬肉煮熟後，倒入混合調味料，轉大火加熱。

7 煮至收汁

一邊翻動肉捲，使其均勻裹上醬汁，續煮至醬汁呈現光澤且幾乎收乾的狀態。

8 擺盤

將肉捲切成容易入口的大小，擺盤後即可享用。

炎熱季節
也能清爽享用

梅香嫩煮雞肉

容易變乾柴的雞肉，經過慢火燉煮後，口感柔嫩多汁。
搭配紫蘇、柴魚的香氣，以及梅子的酸味調製而成的醬汁，風味絕佳。

2人份

	雞腿肉	1片（約300g）
	大蔥（蔥綠）	適量
	生薑	30g
	日式醃梅	2顆
	柴魚片	10g
	紫蘇葉	2片
	炒白芝麻	少許
A	水	400ml
	料理酒	80ml
	鹽	2/3小匙
B	日本酒	200ml
	淡口醬油	40ml
	味醂	1大匙

一二三重點提示

一 維持在70°C加熱

為了讓雞肉保持濕潤柔嫩，煮汁的溫度需維持在70°C。70°C大約是目測整體開始緩緩冒蒸氣，但尚未沸騰的狀態。

二 利用餘熱讓雞肉熟透

將煮好的雞肉留在鍋中，慢慢冷卻，藉由餘熱使內部熟透。如果擔心雞肉內部沒有完全熟透，可在最厚的部位插入竹籤，確認是否流出透明的肉汁。

三 增添「煎酒」般的香氣

煎酒是一種自室町時代、尚未發明醬油前就廣泛使用的萬用調味料。傳統以柴魚、醃梅、酒與鹽製成，而本食譜則是以醬油與味醂調配，使其成為風味更豐富的醬汁。

製作方法

蔥的綠色部分與生薑具有去除肉腥味的作用。

1 汆燙

在鍋中加入A、雞肉、蔥綠，以及切成薄片的生薑，維持70°C加熱20分鐘後關火，自然放涼。

2 製作煎酒①

另取一鍋，加入B和醃梅，煮7～8分鐘後，加入柴魚片。

3 製作煎酒②

煮沸後，取出醃梅。準備濾網，鋪上紗布，將湯汁過濾至碗中。

先用刀背輕敲醃梅，取出種子後，再用刀刃剁碎，是處理醃梅的關鍵技巧。

4 剁碎醃梅

將步驟3取出的醃梅去籽後，用刀剁碎。

5 切紫蘇葉

將紫蘇葉切碎。

6 製作煎酒③

把步驟3過濾出的湯汁與剁碎的醃梅、紫蘇葉混合攪拌，即完成煎酒醬汁。

7 切雞肉

將冷卻的雞肉切成薄片。

8 擺盤

將雞肉盛入器皿中，淋上煎酒醬汁，撒上炒白芝麻，即可享用。

鮮嫩多汁的
雞肉與蛤蜊是絕品

蒸燒蛤蜊雞肉

吸收了大蒜與紫蘇香氣的雞肉與蛤蜊，越嚼越能感受到滿滿鮮味。
這道料理的湯汁融合了食材的精華，美味到讓人忍不住想一飲而盡。

2人份

- 蛤蜊 —— 300g
- 雞腿肉 —— 1片（約300g）
- 洋蔥 —— 1顆
- 大蒜 —— 1瓣
- 番茄 —— 1顆
- 紫蘇葉 —— 10片
- 玉米筍 —— 4根
- 鹽 —— 少許
- 胡椒 —— 少許

〈煮汁〉

- 料理酒 —— 150ml
- 鹽 —— 適量
- 淡口醬油 —— 少許

一二三重點提示

一 以焦香味提升風味

在蒸煮雞肉之前，先將兩面煎至帶有焦香。這層金黃焦香能增添風味層次，使整道料理味道更加濃郁且平衡。

二 透過蒸煮過程緩緩加熱雞肉內部

煎雞肉時，內部仍未完全熟透也沒關係。與其他食材一起燜蒸的過程中，雞肉會慢慢受熱，鎖住鮮美肉汁，最終呈現鮮嫩多汁的口感。

三 最後再加入番茄與紫蘇葉

為了保持番茄的口感與多汁，應在最後階段再加入，僅稍微加熱即可。紫蘇葉也在最後時撒在表面即可，避免過度加熱而影響色澤與香氣。

將鐵玉子放入水中，可縮短蛤蜊吐沙的時間。在這種情況下，就不需要再加鹽。

1 蛤蜊的前置處理

將蛤蜊放入碗中，避免重疊，倒入額外準備的鹽水（水200ml、鹽1小匙），用鋁箔紙等覆蓋，靜置2～3小時，讓其吐沙。

鹽和胡椒除了能為食材調味，還能使表面更容易上色。

2 醃漬雞肉

雞肉雙面均勻撒上鹽與胡椒。

3 煎雞肉

在平底鍋中倒入適量玄米油（額外用量），將雞肉皮面朝下放入鍋中，煎至兩面金黃。取出後切成四等分，再放回平底鍋中。

4 切蔬菜

將洋蔥與大蒜切成薄片，番茄切丁，紫蘇葉切細絲。

5 蒸燒

在步驟3的鍋中，加入蛤蜊、洋蔥、大蒜、玉米筍與料理酒，蓋上鍋蓋，轉中小火燜蒸。

6 調味

當蛤蜊殼打開後，開蓋，煮至稍微收汁時，試一下味道，用鹽與淡口醬油調整鹹度。

7 拌入剩餘蔬菜

加入番茄與紫蘇葉，輕輕拌勻。

8 擺盤

將雞肉切成容易入口的大小後，裝入器皿中，搭配蛤蜊與蔬菜點綴，最後淋上煮汁，即可享用。

經過直火炙燒的牛肉
噴發誘人香氣

炙燒牛肉沙拉

豪華感十足的炙燒牛肉，搭配色彩鮮豔的蔬菜，製作成清爽的料理。
帶有柑橘香氣的芝麻醋醬，讓整體風味更加清新爽口。

2人份

牛腿肉塊	200g
白蘿蔔	4cm
櫻桃蘿蔔	2顆
紅洋蔥	1/2顆
海帶芽	80g
甜豆	8個
大蒜	2瓣
炸油	適量
〈芝麻醋醬〉	
基本高湯（P.25）	25ml
濃口醬油	25ml
味醂	25ml
柑橘醋	25ml
芝麻醬	25ml
醋	1大匙

一二三重點提示

一 準備整塊牛肉

請準備一塊厚度超過5cm的牛腿肉塊。如果肉太薄或太小，容易太快熟透，便會錯失最佳的五分熟效果。

二 直接用火炙燒

直接用火烤能增添香氣，也是調味的一部分。雖然也可以用平底鍋將牛肉表面煎熟，但建議使用瓦斯噴槍或瓦斯爐的火直接炙燒，風味更好。

三 大蒜採用二次油炸法

首先，將油以小火加熱至約130°C，放入大蒜，用低溫慢慢油炸至呈淺金黃色後取出。接著將油溫升至160°C，再將大蒜放回去炸，直至顏色變深即完成。

製作方法

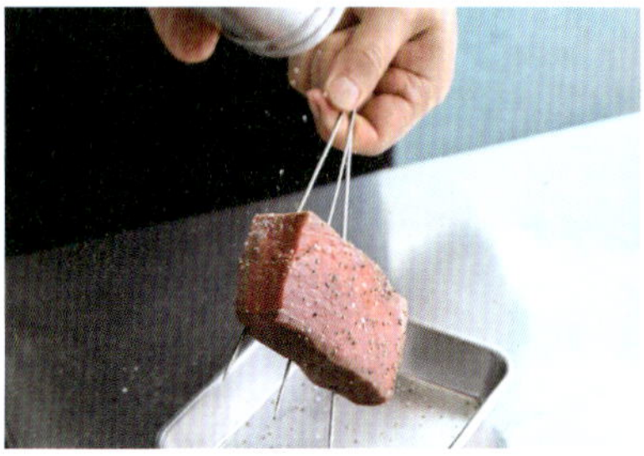

1 初步調味

在牛肉的兩面均勻撒上鹽與黑胡椒（皆為額外用量），然後串上金屬串燒籤。

配有溫度感應器的瓦斯爐，在炙燒過程中可能會自動熄火，因此建議改用卡式爐。

2 炙燒

準備瓦斯噴槍或卡式爐，直接用火炙燒牛肉表面。

炙燒過的牛肉應立即放入水中冷卻，防止餘熱使其繼續加溫。

3 冷卻

將炙燒後的牛肉放入裝有清水的碗中，稍微冷卻。取出後，使用廚房紙巾將表面水分擦乾。

4 切蔬菜與海帶芽

將白蘿蔔去皮後，切成長條狀。櫻桃蘿蔔與紅洋蔥切成薄片。海帶芽切成容易入口的大小（如果是乾燥海帶芽，先用水泡發）。

5 甜豆去絲

直立握住甜豆，朝向較直的一側折斷蒂頭，並順勢往下拉、去除筋絲。放入滾水中煮約2分鐘後，斜切成兩半。

6 炸蒜片

將大蒜去皮後切成薄片，油炸兩次至酥脆（關於「二度油炸法」技巧，請參考P.76的重點三）。

7 調製芝麻醋醬

在碗中放入芝麻醋醬的所有材料，攪拌均勻。

8 擺盤①

將牛肉切成厚約3mm的薄片，與蔬菜及海帶芽一起擺盤。

9 擺盤②

淋上芝麻醋醬，最後撒上蒜片作為點綴，即可享用。

山椒葉味噌的變化食譜

一二三庵大受歡迎的山椒葉味噌（P.44），
不僅可塗抹在魚類或肉類上烘烤，還能運用於各式各樣的料理上。
存放於密封容器中，可在冷藏狀態保存2週，冷凍則可保存約半年，
因此建議可在春季山椒葉盛產時，一次製作大量備用。

享受鮮綠色澤與口感

山椒葉味噌烤雞胸肉

山椒葉味噌——適量
雞胸肉——100g
料理酒——2小匙
淡口醬油——1小匙

1 雞肉切成容易入口的大小，浸泡於混合了料理酒與淡口醬油的醃料中。

2 串起雞肉，擺入烤爐內，烘烤至約8分熟。

3 表面塗抹山椒葉味噌，繼續烘烤至表面上色，即可享用。

細緻滑順的口感，溫和清爽的風味

山椒葉味噌湯

山椒葉味噌——30g
基本高湯（P.25）－200mL
淡口醬油——少許
料理酒——少許

1 將所有食材放入鍋中攪拌混合，加熱至沸騰，即可享用。

享受爽脆口感與清香風味

山椒葉味噌拌蘿蔔雞絲

白蘿蔔－50g
雞胸肉－30g

〈和風醬料〉
山椒葉味噌——15g
基本高湯（P.25）－1小匙
淡口醬油——少許

1 將白蘿蔔切成細長條。

2 鍋中加入額外分量的水與料理酒（1:1），再加入少許鹽後煮沸，放入雞胸肉，煮約3～4分鐘，取出擦乾，放涼後撕成雞絲。

3 在碗中放入和風醬料的食材拌勻後，再加入白蘿蔔與雞絲拌勻即可。

第3章

在季節中更迭的自然鮮甜

蔬菜配菜

配菜指的是，主要使用蔬菜、菇類、海藻製作的料理，
理想的餐點搭配中，應該包含兩道配菜。
從清爽的燙青菜、涼拌料理，
到玉子燒、焗烤等口感豐富的菜色，
我們根據不同主菜，精選了簡單容易製作的食譜供您參考！

品味四季的時令蔬菜

每種蔬菜都有屬於自己的「季節」。
當季的蔬菜比非當季的味道更鮮美、香氣更濃郁、口感更佳，
外觀也更為飽滿、色澤鮮豔。
請將當季蔬菜融入日常菜單中，在餐桌上感受四季變化的美好！

芥末拌春高麗菜
（P.118）

春季蔬菜

經歷嚴冬後迎來的春季蔬菜，營養豐富，且許多都帶有淡淡的苦味等獨特的風味。此外，在這個季節中，名稱帶有「新○○」、「春○○」的蔬菜，比其他時期的蔬菜更加鮮嫩多汁、甜味十足。春季蔬菜的特色是皮薄柔嫩，適合連皮一起料理，或直接生食，以最自然的方式享受當季風味！

【主要春季蔬菜】
新馬鈴薯、新洋蔥、春甘藍（春高麗菜）、春紅蘿蔔、蘆筍、芹菜、竹筍、油菜花、山椒葉……等。

醋味噌拌章魚苦瓜
（P.86）

夏季蔬菜

沐浴在充足陽光中的夏季蔬菜，特徵是具有紅、黃、綠等鮮豔色彩。這些蔬菜不僅能幫助身體降溫、消暑，也能刺激食慾，補充因炎熱而減少的營養攝取。料理時應注意，避免過度加熱，以保留蔬菜的口感與鮮豔色澤。像番茄、小黃瓜等，許多夏季蔬菜都可以直接生吃。可輕鬆加入日常菜單當中，是最適合炎夏的美味選擇！

【主要夏季蔬菜】
番茄、小黃瓜、萵苣、茄子、青椒、櫛瓜、秋葵、苦瓜、玉米、毛豆……等。

秋季蔬菜

秋季蔬菜主要包括富含膳食纖維的根莖類、菇類，及能夠提供能量的薯類，是調整身體狀態、為冬季儲備體力的最佳選擇。與夏季蔬菜相比，秋季蔬菜的含水量較少、風味更濃郁，建議以簡單的調味來享受原本的風味。此外，這些蔬菜經過加熱後，甜味會更加突顯。因此適合燉煮、燒烤、油炸等料理方式。

【主要秋季蔬菜】
南瓜、蓮藕、地瓜、芋頭、牛蒡、秋茄、香菇、鴻喜菇、舞菇……等。

涼拌炸茄子與南瓜
（P.94）

冬季蔬菜

冬季蔬菜為了避免因寒冷而結冰，會儲存較多糖分，因此普遍帶有較濃郁的甜味。此外，它們還具備提升免疫力的效果，對於冬季容易感冒或腸胃疲勞的時候，特別有幫助。寒冷季節會特別想吃的燉煮、火鍋、焗烤等料理，非常適合以冬季蔬菜來烹調。

【主要冬季蔬菜】
蕪菁、大蔥、白菜、白蘿蔔、山茼蒿、菠菜、水菜、小松菜、花椰菜……等。

白味噌焗烤大蔥
（P.92）

享受鮮綠色澤與爽脆口感

涼拌小松菜與金針菇

涼拌青菜可說是日式料理中的經典配菜。
料理過程雖然簡單，但只要用心處理，口感、外觀與風味都會更上一層樓。

2人份

小松菜——100g
日式炸豆皮（油揚）——10g
金針菇——40g
〈醬汁〉
基本高湯（P.25）——180ml
淡口醬油——1大匙
濃口醬油——1小匙
味醂——1大匙

一二三重點提示

一 在汆燙蔬菜用的熱水中加鹽

先在水中加入適量的鹽再煮沸，能讓熱水溫度更高，加快蔬菜的汆燙速度。此外，鹽還能穩定葉綠素，使燙過的蔬菜保持鮮豔色澤。

二 炸豆皮須先去除多餘油脂

將炸豆皮放入熱水中汆燙，可去除多餘油脂，並讓調味更容易入味。特別是像涼拌菜這類，需要讓炸豆皮吸收醬汁的料理，前置處理格外重要，建議務必執行。

三 等醬汁冷卻後再拌入蔬菜

若將熱騰騰的醬汁直接倒入小松菜中，原本鮮豔的綠色可能會因受熱而變黃。請務必等到醬汁放涼後再與食材拌勻。

製作方法

小松菜梗較粗，如果葉子與梗同時放入熱水中汆燙，葉子會過熱。

1 汆燙小松菜

在鍋中加入水與適量的鹽（額外用量），煮沸後，先放入小松菜梗，燙約 30秒，接著將葉子也浸入熱水，再燙30秒，然後立即撈起，放入冷水中降溫。

2 切小松菜

從冷水中取出小松菜，徹底擠乾水分，再切成3cm的長段。

只需用筷子夾住炸豆皮，在熱水中來回晃動數次即可。

3 汆燙炸豆皮

將炸豆皮放入熱水中汆燙，去除多餘的油脂。

4 切炸豆皮

將炸豆皮撈起、瀝乾後，切成寬5mm的細條。

連結在一起的根部，可用筷子輕輕穿過，就能夠維持整齊狀態，使金針菇均勻分開。

5 切金針菇

切除金針菇的根部後，切成3cm長段，再稍微撥散。

以淡口醬油為基底，來突顯食材的風味與色澤，並搭配濃口醬油增添香氣。

6 拌入醬汁①

在鍋中加入醬汁材料，煮沸後關火，接著加入炸豆皮與金針菇。

7 拌入醬汁②

待醬汁稍微冷卻後，再加入小松菜拌勻。

「杉盛」是一種日本料理擺盤的基本方式，強調食材層次與精緻感，常用於涼拌菜等料理。

8 擺盤

將煮好的各種食材分批堆疊擺放在器皿上，即可享用。

作為傳統小菜的豆腐拌菜
口感細膩、風味溫和

豆腐拌時蔬

柔滑的豆腐與濃郁的芝麻醬風味，溫柔地包裹著色彩鮮豔的食材。
這道料理深受各個年齡層喜愛，是一道值得學習的經典佳餚。

2人份

紅蘿蔔	50g
蒟蒻	50g
香菇	2朵
菠菜	1/3把
木棉豆腐（或板豆腐）	300g
〈調味料〉	
基本高湯（P.25）	300ml
淡口醬油	20ml
味醂	20ml
〈和風醬料〉	
芝麻醬	1大匙
淡口醬油	2小匙
味醂	1小匙
砂糖	1小匙

一二三重點提示

一 豆腐需徹底瀝乾水分

建議瀝水30～60分鐘。拿起豆腐時若呈現易碎狀態，就表示已充分去除水分，這樣能避免味道變淡，並保持滑順細膩的口感。

二 避免過度汆燙菠菜

菠菜梗細且內部中空，受熱後會迅速熟透，因此應先燙梗，再燙葉片，每個階段燙約10秒即可。燙完後要立即撈出，並放入冷水中降溫。

三 透過初步調味，提升風味層次

由於和風醬料的味道較淡，因此除了菠菜以外的食材，建議先用調味料稍微煮過後，放涼靜置入味，之後再拌入豆腐與醬料，能夠增添整體風味層次。

製作方法

1 將豆腐去水

用廚房紙巾包裹著豆腐，上方壓上重物，瀝水30分鐘。

2 切紅蘿蔔

將紅蘿蔔去皮後切成細長條。

燙蒟蒻不僅是為了受熱、熟透，還能去除特有的異味。

3 蒟蒻的前置處理

蒟蒻切成與紅蘿蔔相同大小，並放入熱水中汆燙。

4 燙菠菜

鍋中煮沸熱水，先放入菠菜梗燙約10秒，接著將葉子也浸入，再燙10秒即撈出，泡冷水降溫。

5 切菠菜

從冷水中取出菠菜，擠乾水分後切成長度3cm的段狀。

6 切香菇

去除香菇根部，然後切成薄片。

保持菠菜色澤與口感的關鍵在於，要等煮汁放涼後再加入鍋中，並與其他食材拌勻。

7 初步調味

在鍋中加入調味料、紅蘿蔔、蒟蒻與香菇，煮10分鐘，關火後放涼，冷卻後再加入菠菜拌勻。

8 將豆腐搗碎

在研磨鉢中搗碎豆腐，並加入和風醬料，攪拌均勻。

9 拌勻與擺盤

把瀝乾多餘煮汁的步驟7，加入步驟8中拌勻，即可裝盤享用。

微苦回甘的
夏日美味

醋味噌拌章魚苦瓜

醋味噌能減少苦瓜的苦味，帶來讓人上癮的風味。
章魚Q彈的口感更增添層次感，這道清爽的拌菜，非常適合夏天享用。

2人份

章魚（已水煮燙熟）——100g
茄子（日本圓茄）——2根
苦瓜——1/3根
酢橘（或青檸）——2顆
A 白味噌——2大匙
芥末粉——1小匙
淡口醬油——少許

一二三重點提示

一 茄子加熱時應先從皮面開始

茄子的皮容易變色，因此應該要先快速加熱皮面，防止顏色脫落。不論是燙煮、烘烤或油炸，都需要注意這一點。

二 苦瓜先汆燙減少苦味

苦瓜的苦味成分易溶於水，因此汆燙過後即可減輕苦味。可以根據個人喜好，增減汆燙時間，但為了保留苦瓜的原味與爽脆口感，建議快速汆燙即可。

三 以酢橘的酸味增添清爽感

一般的醋味噌是由醋與味噌調和而成，本食譜則是以酢橘汁代替醋提供酸味。酢橘與苦瓜、茄子同為夏季當季食材，彼此風味也很相襯。

製作方法

1 切茄子

先切除茄子的蒂頭，再縱向對半切開。

2 汆燙茄子①

鍋中煮沸熱水，將茄子皮朝下放入，汆燙3分鐘。

3 汆燙茄子②

當茄子皮燙熟時，翻面，讓整體均勻受熱。

若將食材浸泡在水中，會導致口感變得濕軟，因此建議在竹簍上放涼。

若不習慣苦瓜的苦味，可稍微延長汆燙時間，以減少苦味。

4 茄子放涼切片

將茄子皮面朝上、鋪排在瀝水籃上，待放至冷卻後，切成寬1cm的斜片。

5 苦瓜的前置處理

用湯匙等工具去除苦瓜的種子，切成約小於1cm的薄片。放入滾水中汆燙3～4分鐘。

6 切章魚

章魚切成寬約5mm、容易入口的大小。

7 調製醋味噌並拌勻

在碗中加入酢橘汁與A，混合均勻後，再加入茄子、苦瓜、章魚，充分拌勻。

8 擺盤

盛入器皿後，刨些酢橘皮屑作為點綴，即可享用。

滑順綿密的
細膩口感

豆乳茶碗蒸

豆漿的香氣如高湯般四溢，搭配清爽的芡汁，使口感更加滑順細膩。
山藥的脆嫩口感，也是這道料理的一大亮點。

2人份

雞蛋	2顆
豆漿	300ml
淡口醬油	2小匙
蟹肉（罐頭）	適量
山藥	2cm
生薑	適量
〈芡汁〉	
基本高湯（P.25）	140ml
淡口醬油	2小匙
味醂	2小匙
〈葛粉水〉	
水	1大匙
葛粉	15g

一二三重點提示

一 以豆漿代替高湯

一般的茶碗蒸是以雞蛋與高湯製作，本食譜則以豆漿代替高湯，讓淡雅的大豆香氣在口中緩緩綻放，成品的口感就如奶油般滑順綿密。

二 過篩蛋液，打造細膩口感

將蛋液過篩，可除去未完全混合的蛋白與蛋筋。此一重要步驟，可提升口感與外觀，讓茶碗蒸更加細緻滑嫩。

三 以小火慢蒸，避免氣泡產生

茶碗蒸失敗的常見問題是，表面產生蜂窩狀氣孔。這通常是蒸鍋內溫度過高所致，因此請耐心以小火慢蒸，讓茶碗蒸保持細緻滑嫩的口感。

如果時間允許，讓蛋液靜置10～15分鐘，蒸製時更容易凝固。

1 調製蛋液

將雞蛋打入碗中，用筷子以切拌方式攪勻，再加入豆漿與淡口醬油，然後過篩。

2 敲碎山藥

將山藥去皮後，用刀背輕輕敲打，使其變細碎。

3 生薑磨成泥

將生薑去皮後磨成泥，並擠出薑汁備用。

4 製作芡汁

將芡汁的材料倒入鍋中，加熱至沸騰後，加入葛粉水，攪拌至湯汁變濃稠。

用打火機等火源靠近蛋液表面，上面的氣泡就會消失。

5 蒸①

蒸鍋中加入適量的水（額外用量），加熱至水沸騰。將蛋液慢慢倒入碗中，再放入已冒出蒸氣的蒸鍋中。

輕輕搖晃容器，若蒸蛋會均勻晃動，就表示已經蒸熟。

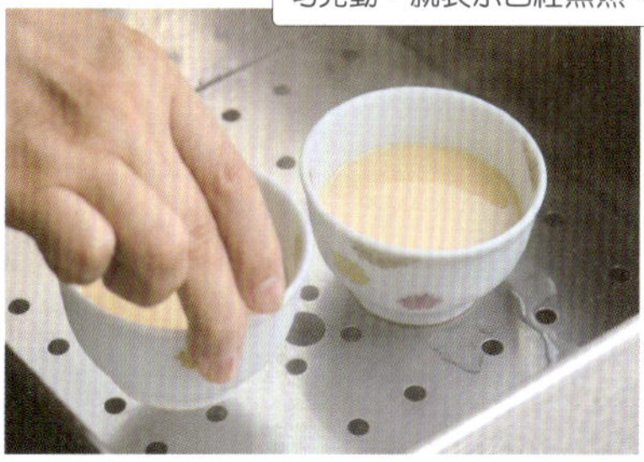

6 蒸②

蓋上鍋蓋，以大火蒸1分鐘，接著轉小火蒸10分鐘。

※蒸鍋高溫時，請使用布巾等輔助工具，小心燙傷。

7 擺盤

將芡汁淋在茶碗蒸上，放上山藥與蟹肉，最後淋上薑汁提味，即可享用。

搭配色彩鮮豔的番茄芡汁
盡情享用日式煎蛋捲

玉米高湯玉子燒

這道蓬鬆柔軟的玉子燒，是由雞蛋、玉米與豆漿製作而成。
清爽的番茄芡汁搭配大量的紫蘇葉，與甜甜的玉子燒形成絕妙的風味組合。

2人份

玉米	150g
豆漿	50ml
雞蛋	4顆
番茄	1顆
紫蘇葉	10片
淡口醬油	1小匙
A 基本高湯（P.25）	250ml
料理酒	1小匙
淡口醬油	1小匙
味醂	1小匙
鹽	1/3小匙
〈葛粉水〉	
水	1½大匙
葛粉	20g

一二三重點提示

一 以豆漿代替高湯

用豆漿取代高湯，與雞蛋混合，能帶來不同於砂糖的溫和甘甜與鮮味。由於豆漿的香氣比高湯更清淡，因此能更突顯玉米與雞蛋的風味。

二 使用淡口醬油，保持漂亮色澤

為了展現雞蛋、玉米與番茄的美麗色彩與原始風味，不論是在高湯玉子燒或番茄芡汁中，都選擇使用淡口醬油。外觀與香氣，也是決定料理味道的重要因素。

三 煎蛋過程需快速進行

煎蛋時，建議開大火並迅速動作。若使用小火慢煎，雞蛋會與油混合，容易焦黑或沾黏鍋面。

1 調製蛋液①

用刀子刮下玉米粒。將豆漿與玉米粒一起放入果汁機中攪拌，直到質地變得細膩滑順為止。

2 調製蛋液②

將雞蛋打入碗中，以切拌方式混合均勻。加入步驟1與淡口醬油，充分攪拌混合。

3 切紫蘇葉

將紫蘇葉切成細絲。

番茄最後再加入，才能保留香氣與口感。

4 汆燙番茄並剝皮

在番茄底部用刀輕劃十字，放入熱水中汆燙20秒。當番茄皮開始捲起時，立即取出、放入冷水中降溫，去皮去蒂之後切小塊。

5 製作番茄芡汁

在鍋中加入A煮沸，再加入葛粉水使湯汁變稠，接著加入番茄，攪拌均勻。

6 煎玉子燒①

在玉子燒鍋中倒入玄米油（額外用量），以大火加熱後，倒入部分蛋液，待稍微凝固後，從前端朝靠近身體的方向捲起。

7 煎玉子燒②

將捲到身體這側的蛋，推回鍋子前端，再倒入新的蛋液。輕抬起捲好的蛋，讓蛋液流入底部。接著重複步驟6和7的步驟。

8 煎玉子燒③

將煎好的玉子燒放在壽司捲簾上，輕輕捲起固定形狀，並放涼冷卻。

9 擺盤

將玉子燒切塊，擺入器皿中，淋上番茄芡汁，最後撒上紫蘇葉，即可享用。

蔥的甘甜與白醬
完美搭配

白味噌焗烤大蔥

烘烤後膨軟柔嫩的大蔥帶有自然的甘甜，與帶有濃郁風味的白味噌醬絕妙融合。
品嚐一口，便能感受暖意襲來，是一道最適合冬季享用的美味料理。

2人份

麵粉	30g
大蔥	1根
杏鮑菇	1包
奶油	30g
豆漿	200ml
白味噌	50ml
鹽	1/4小匙
淡口醬油	少許
胡椒	少許

一二三重點提示

一　先將麵粉過篩後再使用

若直接使用未過篩的麵粉，很容易導致白醬結塊。藉由過篩步驟，可以去除粉塊，並讓粉末中包含空氣，避免粉末之間彼此結塊。

二　麵粉需充分加熱

使用奶油充分翻炒麵粉，去除粉類的生味，是很重要的步驟。請耐心翻炒，直到散發出類似烤餅乾的香氣為止。

三　加入豆漿時使用小火

豆漿遇熱時容易分離，因此務必使用小火烹調。為了避免燒焦，需持續攪拌，並一點一點分次加入。煮到醬汁變得濃稠、用鍋鏟劃開時可稍微看見鍋底的程度，即表示完成。

製作方法

1 篩麵粉

使用篩粉器或細孔濾網，將麵粉過篩。

2 切蔬菜

將大蔥切成長2cm的段狀。杏鮑菇切成容易入口的大小。

3 煮白醬①

在平底鍋中放入奶油，小火加熱至奶油融化，加入過篩的麵粉。

4 煮白醬②

一點一點少量加入豆漿，一邊攪拌一邊讓醬汁變得順滑。

5 煮白醬③

加入白味噌與鹽，最後用淡口醬油調整味道。

6 煎蔬菜

另外取一個平底鍋，倒入適量的玄米油（額外用量），熱鍋後放入大蔥與杏鮑菇，撒上黑胡椒，煎至表面呈現金黃色。

7 焗烤①

將步驟6放入耐熱容器中，淋上煮好的白醬，放入預熱至250°C的烤箱，烘烤10分鐘。

8 焗烤②

當白醬表面呈現金黃色澤，即可取出享用。

品味高湯與蔬菜的鮮美風味

涼拌炸茄子與南瓜

2人份

茄子	2根
南瓜	1/8顆
四季豆	4個
茗荷	1個
玄米油	適量
〈醬汁〉	
基本高湯（P.25）	150ml
淡口醬油	50ml
味醂	2大匙
醋	50ml

煎炸過的茄子口感，入口即化，
而南瓜則鬆軟香甜，將甜味完美突顯。

一二三重點提示

一　將茄子皮削成條紋狀

用削皮刀以固定間隔去除部分的茄子皮，使其呈現條紋狀。這樣能讓醬汁更容易入味，同時使外觀看起來有清爽感。

二　煎炸時注意油溫

若油溫過高，食材可能在熟透前就已燒焦。建議使用中火煎炸，一邊釋放蔬菜甜味，同時讓表面呈現誘人的金黃色。

三　炸蔬菜趁熱浸泡醬汁

趁醬汁還是熱的時候，立刻將剛炸好的蔬菜放入醬汁中浸泡，這樣能讓醬汁迅速滲透進食材當中。

以固定間隔削除茄子皮，可讓醬汁更容易滲透，提升入味效果。

1　切蔬菜

茄子去蒂後，將外皮削成條紋狀，然後斜切成厚2cm的片狀。南瓜切成厚1cm的薄片。四季豆切成長5cm。茗荷切成薄片，並泡水。

2　半煎炸蔬菜

在平底鍋中倒入足以覆蓋鍋底的玄米油，開中火加熱。放入茄子、南瓜、四季豆，半煎炸至表面金黃。取出後放在廚房紙巾上，瀝去多餘油分。

將醬汁加熱至沸騰，是為了提高溫度，同時也稍微揮發醋的酸味。

3　用醬汁浸泡

在鍋中倒入醬汁材料，加熱至沸騰後關火。將步驟2半煎炸過的蔬菜，加入鍋中浸泡，放涼至室溫，盛入器皿中，最後撒上瀝乾的茗荷點綴。

第4章

在食材中融合的豐富滋味

溫暖湯品

湯品的風味，會因高湯與調味料的種類、
食材的搭配方式與切法而有所不同，
是一道極具深度與變化的料理。
不同的地區與家庭，往往都有各自的湯品特色，
許多人對於家鄉的湯品，也會產生一種懷念的情感。
希望在這些食譜中，您也能找到一碗溫暖心靈的美味湯品。

日式湯品的美味要素

湯品在日文中稱「汁物」，由高湯、食材、調味料這三大元素構成。
透過不同組合，可以製作出簡單的味噌湯、將食材打成糊的滑順濃湯，
或是添加雞蛋與肉類豐富口感的湯，變化多樣，風味各具特色。

三大組成元素

◎高湯

高湯是湯品的基礎與靈魂。一二三庵採用柴魚與昆布的綜合高湯，但如果食材較為單純，建議改用鮮味與香氣更濃郁的小魚乾高湯，能讓風味更加豐富。（高湯的熬製方法，請參考P.24）

◎食材

從海帶芽等海藻類到蔬菜、肉類、豆腐、雞蛋，皆可作為湯品的食材。此外，若將食材磨碎或弄成泥狀，即使是相同的食材，也能呈現不同的口感與風味，增添變化與樂趣。

◎調味料

醬油基本上使用淡口醬油，以突顯高湯的香氣及食材的色澤與風味。味噌則可依不同的湯品選擇米味噌、白味噌或麥味噌。最後，記得試味道，並根據喜好，用鹽或醬油來調整風味。

品味高湯的香氣與
味噌的風味

海帶芽豆腐味噌湯

這道基本款味噌湯，非常適合作為入門料理。
由於食材簡單，更能突顯高湯的香氣與味噌的醇厚風味。
請記住，「湯品不可煮沸」是黃金法則。

2人份

豆腐	50g
海帶芽 ※將乾燥海帶芽泡發後的分量	20g
青蔥	適量
基本高湯（P.25）	200ml
米味噌	略少於1大匙
淡口醬油	少許

1 準備食材

將豆腐切小丁，乾燥海帶芽泡水膨脹，青蔥切成蔥花。再將豆腐與海帶芽放入碗中備用。

2 加熱高湯

在鍋中倒入基本高湯，加熱至整體微微冒出蒸氣。注意適時調整火候，避免煮沸。接著放入味噌拌至溶解，再用淡口醬油調味。

3 盛裝

將步驟2煮好的味噌湯，倒入步驟1裝有豆腐與海帶芽的碗中。最後撒上蔥花，即可享用。

從內而外溫暖身心的冬季美味

牛蒡豬肉粕汁

酒粕的醇厚香氣與白味噌的柔和風味相得益彰，令人回味無窮的湯品。
加入大量豬肉與根莖類蔬菜，滋味濃郁、營養豐富。

2人份

白蘿蔔	3cm
紅蘿蔔	5cm
牛蒡	1/3根
豬五花肉片	150g
蒟蒻	90g
芹菜	1/3把
基本高湯（P.25）	1L
酒粕	80g
白味噌	20g
淡口醬油	少許
料理酒	少許

一二三重點提示

一 不去除牛蒡的澀味

本食譜為了發揮牛蒡原有的風味，刻意不進行去澀處理。若是其他料理要讓牛蒡呈現潔白色澤，削皮後可快速放進醋水中浸泡，以防止變色。

二 蒟蒻要用手撕開

蒟蒻不要用刀切，而是用手或湯匙撕成小塊。與刀切相比，撕裂的表面會形成凹凸，使湯汁更容易吸附，增添風味。

三 一次製作大量，放隔天更入味

剛煮好的味道自然美味，但隔天食材會更入味，且麴的香氣會變得更柔和，小朋友也更容易入口。建議可以一次煮一大鍋，享受味道與香氣隨時間變化的樂趣。

製作方法

1 切食材①

白蘿蔔與紅蘿蔔去皮後，切成滾刀塊。

如果牛蒡帶有泥土，請先用刷子仔細清洗乾淨後，再進行烹調。

2 切食材②

牛蒡切成較小的滾刀塊，稍微泡水後瀝乾。

將蒟蒻燙熱水，可去除其特有的腥味。

3 切食材③

蒟蒻撕成小塊，並用熱水燙過。

4 切食材④

芹菜切成長2cm的段狀。

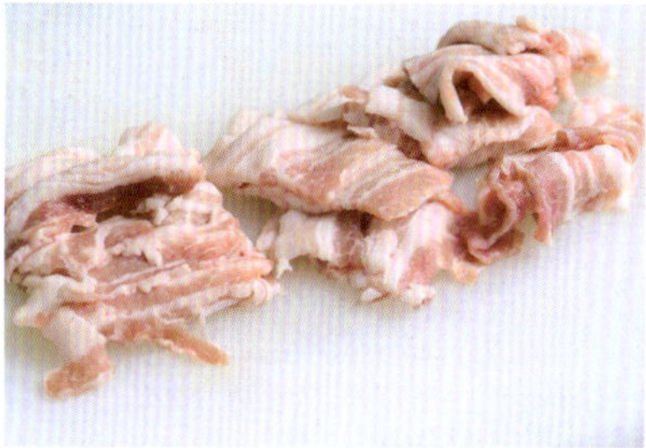

5 切食材⑤

豬肉切成寬4cm的片狀。

6 燉煮

在鍋中放入基本高湯，以及芹菜以外的所有食材，加熱，並一邊撈去浮沫。

7 調味

當所有食材煮熟後，加入酒粕與白味噌，再用淡口醬油與料理酒調味。

8 擺盤

盛入碗中，最後放上芹菜作點綴，即可享用。

溫暖柔和的風味
呵護腸胃

豬肉蘿蔔湯

白蘿蔔具有幫助消化的功效，因此這道湯品特別適合在腸胃疲憊時享用。
其溫和的風味能讓身心都感到放鬆與舒適。

2人份

豬五花肉片	100g
白蘿蔔（磨泥用）	150g
白蘿蔔	1cm
紅蘿蔔	4cm
青蔥	2根
生薑	20g
黑胡椒	少許
基本高湯（P.25）	250ml
A 淡口醬油	1大匙
A 料理酒	少許

一二三重點提示

一 讓蘿蔔泥吸收風味

蘿蔔泥能吸收高湯與調味料，呈現如同勾芡般自然濃稠的口感，且能充分裹在較大塊的食材上，像燉菜一樣美味。

二 蘿蔔泥不要煮太久

蘿蔔泥如果煮得太久，特有的辛味與香氣會流失。應先確保食材完全煮熟，最後再加入蘿蔔泥，煮至溫熱後立即關火。

三 用魚肉代替豬肉作變化

可將食材中的豬肉替換為當季的鮮魚，同樣美味。特別推薦竹筴魚或鯖魚等青魚，與蘿蔔泥的風味十分契合。

1 切食材①

豬肉切成寬3cm的片狀。

2 切食材②

白蘿蔔去皮，取150g磨成泥，並用紗布適度擰乾水分。剩餘的部分切成扇形片狀。

3 切食材③

紅蘿蔔切成厚5mm的圓片。

4 切食材④

青蔥切成蔥花。

5 生薑磨成泥

生薑去皮後，磨成泥，並擠出薑汁備用。

6 調味

鍋中倒入基本高湯，加入白蘿蔔片與紅蘿蔔片，煮至食材變軟後，加入A。

7 燉煮

放入豬肉，煮至完全熟透後，再加入白蘿蔔泥，然後關火。

黑胡椒的辛香能提升風味，使味道更鮮明。

8 擺盤

盛入碗中，撒上蔥花，淋上薑汁，最後撒上黑胡椒即可。

以鮮豔的黃色
點綴餐桌

秋葵蛋花清湯

這道湯的食材僅使用雞蛋與秋葵，以香氣濃郁的高湯、淡口醬油與酒簡單調味。
請盡情享受蛋花柔嫩蓬鬆的口感吧！

2人份

- 雞蛋——2顆
- 秋葵——4根
- 基本高湯（P.25）－300ml
- 淡口醬油——略少於1大匙
- 料理酒——1大匙

一二三重點提示

一 用「切」的方式攪拌蛋液

攪拌蛋液時，應讓筷子貼著碗底，以「切」的方式混合。這樣能夠切斷蛋白，使蛋液快速均勻混合，煮成蛋花時口感更好，看起來也更美觀。

二 從鍋中央慢慢倒入蛋液

要讓蛋花口感蓬鬆柔軟，關鍵在於先將湯加熱至接近沸騰，然後從鍋中央緩慢倒入蛋液。由於鍋壁附近溫度較高，蛋液會自然擴散並凝固。

三 蛋液入鍋後不要攪拌

倒入蛋液後若立即攪拌，蛋液會與湯混合，變得濃稠、不清澈。應稍微靜置，讓蛋液自然受熱凝固，再用湯勺輕輕切分，並倒入碗中。

製作方法

將表面的細毛搓揉後，可讓受熱更均勻。

1 攪拌蛋液

將雞蛋打入碗中，攪拌均勻。

2 秋葵的前置處理

用鹽搓揉秋葵，使表面的細毛變柔軟。放入滾水中燙約10秒後，立即放入裝有冷水的碗中冷卻。瀝乾後，切成寬1cm的小段。

3 調味

在鍋中加入基本高湯，加熱後，加入淡口醬油與料理酒調味。

4 煮蛋花

湯加熱至接近沸騰時，從鍋中央緩慢倒入蛋液。

5 擺盤①

用湯勺撈起已凝固的蛋花，盛入碗中。

6 擺盤②

倒入湯汁，再以秋葵點綴。

被蕪菁的甘甜與
滑順口感療癒

日式奶油蕪菁濃湯

日式濃湯（すり流し汁）是一種將海鮮或蔬菜研磨後，以高湯調和而成的湯品。
這道湯品在蕪菁的自然甘甜中，融入奶油的濃郁風味，讓口感更加豐富滑順。

2人份

蕪菁	2顆
奶油	1/2大匙
七彩霰餅	依喜好
基本高湯（P.25）	400ml
白味噌	1大匙
鹽	少許
料理酒	少許
淡口醬油	少許

一二三重點提示

一 蕪菁要慢慢加熱

將蕪菁充分加熱，能更突顯其甜味與鮮味。炒至表面呈透明狀，再用高湯燉煮，讓風味更濃郁，這是美味的關鍵步驟。

二 加入奶油炒香

日式料理中使用奶油較為少見，但動物性油脂的濃郁風味與蕪菁的甜味十分契合，能夠創造出類似西方濃湯的風味。

三 白味噌提升溫潤口感

調味方面，除了淡口醬油與鹽，這些常用於日式濃湯的調味料之外，還特別加入與奶油相當契合的白味噌。使湯品增添更深層次的溫潤口感，風味更柔和細膩。

將蕪菁的皮削得稍厚一點，
成品會更加順滑。

1 切蕪菁

將蕪菁去皮，切成容易入口大小的塊狀。

2 炒蕪菁

熱鍋後，放入奶油，炒至蕪菁表面微微變透明。

3 燉煮

加入基本高湯，燉煮收汁至剩下約1/3的量。

4 攪打均勻

將煮過的蕪菁與白味噌放入食物調理機，攪拌至整體順滑細膩。

5 調味

將混合後的湯倒回鍋中，用鹽調味，再加入料理酒與淡口醬油。

6 裝盤

盛入碗中，最後可依喜好撒上七彩霰餅作點綴。

小知識專欄

日式濃湯（すり流し）的由來

現在可以用食物調理機輕鬆製作日式濃湯，但在過去是用研磨缽將食材磨碎後，再用濾網仔細的過篩，因此而得名（日文中，すり是指磨的動作，流し則是指將食材過濾流通）。這種料理方式，能讓湯品形成濃稠且光滑的質地，也能更直接品嚐各種食材，充分展現其原滋原味。

酪梨與高湯的新鮮搭配

酪梨小黃瓜清湯

綿密滑順的酪梨搭配清爽的小黃瓜，再加上紫蘇葉的香氣，
與炙燒竹筴魚的焦香風味相互融合，形成絕妙的搭配。

2人份

竹莢魚（中）	1尾
太白粉	適量
酪梨	30g
小黃瓜	100g
紫蘇葉	3片
茗荷	1個
紫蘇花	依喜好
基本高湯（P.25）	250ml
鹽	適量

一二三重點提示

一 酪梨帶來清新美味

這道料理的靈感來自冷湯。保留了竹筴魚的焦香與小黃瓜的清爽風味，並加入酪梨，使整體口感更加溫潤滑順。為了突顯食材本身的風味，僅以鹽調味。

二 竹筴魚從魚肉開始煎

如果從魚皮那面開始煎，皮會收縮，導致魚肉翹起、不平整，影響外觀。建議先從魚肉那面開始烤，讓魚肉定型之後，再翻面，這樣就能保持完整的形狀。

三 冷藏後享受更清爽的風味

這道湯品在夏天冷藏後享用也非常美味。依舊保留著綿密的口感，同時小黃瓜與紫蘇葉的清香，以及茗荷的獨特香氣會更加突出，帶來更爽口的風味。

製作方法

用廚房紙巾包住一次
性筷子擦拭，這樣比
較容易清到內側。

1　竹筴魚的前置處理①

去除竹筴魚的鱗片與硬刺。

2　竹筴魚的前置處理②

切掉魚頭，從腹部將魚身劃開，再用刀取出內臟，接著用清水徹底沖洗乾淨。

3　竹筴魚的前置處理③

使用大名切法去骨（參考P.42）。從魚頭方向下刀，沿著魚的中骨切開，翻面後用相同方式處理。

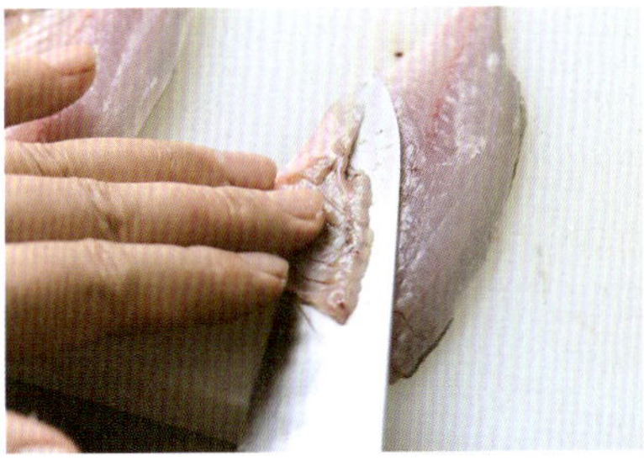

4　竹筴魚的前置處理④

將刀貼著魚腹骨的右側，將骨頭立起後，沿著骨頭邊薄薄削除，去除腹骨。

5　竹筴魚的前置處理⑤

使用魚骨夾，從魚頭方向開始，將中骨往斜上方拔除。用指腹輕觸魚肉，確認是否有殘留的細刺，並完全去除。

6　竹筴魚的前置處理⑥

將處理好的竹筴魚平鋪在盤中，撒上鹽與胡椒（皆為額外用量），靜置30分鐘。擦去魚身溢出的水分後，在另一個盤中裹上薄薄一層太白粉，再用刷子輕輕撢去多餘的粉。

7　煎魚

在平底鍋中倒入玄米油（額外用量），將竹筴魚放入，煎至雙面呈現金黃色。

8　攪打蔬菜

將切成適當大小的酪梨、小黃瓜、紫蘇葉與高湯，放入食物調理機中攪拌均勻。再把湯倒入鍋中加熱，並用鹽調味。

9　擺盤

將湯盛入碗中，放上煎好的竹筴魚，撒上切成細絲並過水的茗荷，最後可依個人喜好點綴上紫蘇花。

鬆軟雞蛋雜炊

只要有美味的高湯，
即使在忙碌時，也能快速煮出一道溫暖身心又填飽肚子的料理。
這道雞蛋雜炊，是老闆與老闆娘中午時的員工餐，
口感溫和清爽，適合胃腸疲勞時享用，讓身體輕鬆無負擔。
也可以按個人喜好加入雞肉，增添風味與飽足感。

2人份

- 基本高湯（P.25）— 300ml
- 淡口醬油 — 1大匙
- 鹽 — 1小撮
- 白飯 — 150-200g
- 雞蛋 — 2顆
- 青蔥 — 依喜好

1 加熱高湯

在鍋中倒入高湯，加入淡口醬油與鹽，開火加熱至沸騰。

2 清洗米飯

將米飯放入濾網，以流動清水沖洗，瀝乾水分後，加入步驟1的高湯中，再次加熱至沸騰。

3 加入雞蛋

雞蛋打入碗中攪拌均勻，然後慢慢倒入鍋中，讓蛋液均勻分布。盛入碗中，可依個人口味撒上蔥花，即可享用。

第5章

在餐桌上感受的節慶活動

四季款待菜單

很久以前，人們為了祈求豐收與健康，
舉行了各種節慶活動，並獻上祈禱與感謝。
人們向神明供奉佳餚，並與祂一同享用，
因此節慶與飲食之間有著深厚的聯繫，這樣的習俗一直延續至今。
在這章當中，我們將介紹適合四季節慶時款待賓客的特別料理。

日本主要的節慶活動

日本的許多節慶活動源自中國，並在發展過程中形成了獨特的風格。
其中，最具代表性的「五節句」——人日、上巳、端午、七夕、重陽，
以及其他與四季相關的重要節慶，構成了日本獨特的「年中行事」文化。
在本章中，我們將總覽這些主要的節慶，並詳細介紹各個節日的起源與習俗。

※部分節慶的日期可能因地區不同而有所差異。

春季節慶		
2月3日	節分	在以農耕為主的時代，人們相信大豆中寄宿著穀物的靈，其靈力能夠驅逐邪氣與鬼怪，因此誕生了撒豆驅鬼（豆まき）的習俗。⇨詳見P.140
3月3日	上巳節（雛祭）	這個節日最初是用來驅邪消災的儀式，後來發展為擺放雛人形（女兒節娃娃）的女兒節。至今仍保留供奉桃花的習俗，因為桃花被認為具有避邪驅魔的力量。⇨詳見 P.140
3～4月	賞花（花見）	春天時，人們會前往郊外欣賞櫻花，這便是「花見」的由來。雖然現在已成為娛樂活動，但最初其實是向神明獻上供品，祈求豐收的儀式。⇨詳見 P.119

夏季節慶		
5月5日	端午節（兒童節）	現在，人們會將這一天視為屬於男孩的節日，並懸掛鯉魚旗來慶祝。但最初，這個節日是採摘藥草，以其濃烈香氣驅邪的儀式。⇨詳見 P.141
7月7日	七夕	七夕是由中國傳來的牛郎織女傳說，與日本古代的傳統習俗互相結合後，發展成今日的七夕。原本，七夕其實是秋季的節日，在俳句中，「七夕」也被視為秋天的季語。⇨詳見 P.125
8月	夕涼	為了避暑，人們透過各種方式營造涼爽與舒適的環境，並透過節慶活動享受清涼感。穿著浴衣欣賞煙火，也是現代傍晚乘涼習俗之一。⇨詳見 P.141
關東地區主要日期 7月13日～16日 關西地區主要日期 8月13日～16日	盂蘭盆節	這一天被視為祖先靈魂回到子孫身邊的日子。不同地區與家庭可能有各自的儀式，但節日核心意義都是為了迎接並撫慰祖先的靈魂。⇨詳見 P.141

秋季節慶		
9月9日	重陽節（菊花節）	重陽節起源於中國的陰陽五行說，其中「9」這個數字重疊的日子，被認為是極為吉利的日子，並成為祈求長壽的節日。⇨詳見 P.142
9～10月	賞月（月見）	日本自古以來，便將月亮視為神聖的象徵，據說從繩文時代開始就有賞月的習俗。人們會有供奉芒草與月見糰子的習俗。⇨詳見 P.131
10～11月	賞楓（紅葉狩り）	這是一項欣賞群山間楓葉美景的節慶活動。楓葉的絕美風姿，自古以來便深深吸引人們，在《萬葉集》中，更是留下了多達118首讚頌楓葉的和歌。⇨詳見 P.142
11月23日	新嘗祭	這是一項由天皇陛下向神明奉獻新收穫的稻米等穀物，慶祝豐收並表達感謝的祭典。雖然如今已轉變為「勤勞感謝之日」，但感恩收穫的意義依然沒有改變。⇨詳見P.142

冬季節慶		
12月13日	迎新準備	這一天是開始準備新年的日子。人們會進行大掃除，清除過去一年的汙垢，並進行「迎松（松迎え）」，也就是採集門松等裝飾用的松樹。⇨詳見 P.143
12月22日左右	冬至	這是一年之中夜晚最長的一天。從這天起，白晝時間會逐漸變長，因此被認為是時運開始好轉的吉祥日。⇨詳見 P.143
1月1日	新年（正月）	所謂「一年之計在於元旦」，正月（西曆的一月一日）是日本最重要的傳統節日。人們會擺放門松，迎接當年的歲神，並祈求新的一年平安健康、幸福美滿。⇨詳見 P.139
1月7日	人日節（若菜節）	這是一項在年初祈求全年無病消災的傳統儀式。在現代，人們會享用七草粥，藉此調養因過年佳餚而疲勞的腸胃。⇨詳見 P.143

為料理增色的餐具

餐具，不僅影響料理的味道與香氣，也是提升擺盤美感的重要元素。
特別是在節慶或特殊日子裡，就會想要使用精美的器皿來款待賓客。
挑選餐具時需考慮「季節感」，以及料理適合的「類型」。

季節感

選擇令人感到舒適的質感與色調非常重要。

春夏

在氣溫高的季節，白瓷、青瓷、染付（藍白陶瓷）、玻璃等清涼感的材質最為適合。白色與透明感也能帶來清爽涼快的視覺效果。

秋冬

到了秋冬，燉煮等溫暖料理較多，適合使用帶有質感的陶器或色彩豐富的彩繪餐具。深色系的器皿能讓人從視覺上就感受到溫暖。

種類

根據不同料理，選擇適合的餐具形狀與大小。

中皿、平皿
約21～24cm

在日式料理中最常使用的器皿，最適合盛裝主菜。（日文的「皿」即盤子、碟子之意。）

銘銘皿
約15～18cm

用作分食的小盤子。若要盛裝帶湯汁的料理，建議選擇較深的款式。

中鉢、小鉢
約18cm

中鉢適用於燉菜或生魚片；小鉢則適合盛裝小菜或醃漬物。

小皿、豆皿
約12cm

可作為分食的小盤，也適合用來盛放點心。

飯碗

專門盛裝米飯的器皿。日本有一種獨特的飲食習慣，那就是選擇專屬於自己的飯碗。

湯碗

用於盛裝湯品的器皿。為了方便用手持握，建議選擇不易傳熱且貼合手感的大小。

其他推薦準備的器具

筷架、茶杯、大皿、大鉢……等。

精緻的擺盤技巧

選擇精美的器皿後，接下來就是擺盤。
在和食中，「五感」之一的視覺能帶來刺激，提升對料理的期待感。
讓我們掌握符合料理特色的美麗擺盤技巧吧！

魚類

整條魚時，將魚頭朝左、腹部朝向自己擺放。若為切片魚肉，則將魚皮朝上擺放（如鰻魚或星鰻等，則以魚肉面朝上）。

涼拌菜

日式涼拌菜通常以燙過的蔬菜為主，將其泡在高湯裡調味，或與特製醬料拌勻。基本擺盤方式為「杉盛」，即將食材堆疊成類似杉樹的圓錐形，並儘量使所有食材清晰可見。

混合擺盤

將顏色、形狀不同的食材或料理盛在同一盤內。以杉盛為基礎，稍微堆高，營造立體感是關鍵技巧。

生魚片、燉煮料理

料理應盛滿器皿的七成，預留三成空間，保持美觀平衡是基本的原則。

集中擺盤

讓食材集中於盤子中央，高低錯落擺放。較高的食材置於後方，以保持整體視覺平衡。

米飯

盛飯時，應分兩次將米飯裝入飯碗，約七至八分滿。日文盛飯的動詞不使用「盛る」，而是「よそう」。

湯品

湯品應裝至碗的六至七分滿。若為料多的湯品，應以食材為主、湯為輔，並確保所有食材都能清晰可見。

春

賞花

這是一份充分展現春季風味的菜單，
使用了山椒葉、春高麗菜、竹筍等當季食材。
同時也特別注重鮮豔的綠色、黃色和粉色等色彩搭配，
營造出適合賞花的華麗視覺效果。
若選用帶有溫暖感的淡色系餐具來統一整體風格，
將更能展現春天的氛圍。

菜單

【前菜】春季蔬菜沙拉

【湯品】澤煮椀

【燉煮料理】燉煮竹筍雞肉丸

【涼拌料理】芥末拌春高麗菜

【米飯類】油菜花飯

【甜點】櫻花聖代

【前菜】

春季蔬菜沙拉

使用當季蔬菜來展現春意盎然的氛圍。
搭配以象徵春天香氣的山椒葉製成的山椒葉醋，
以及吸引人目光的鮮黃色蛋黃醋，
這兩種醬汁是這道料理的亮點。

2人份

蝦子	4隻
透抽	1/2杯
甜豆	5根
抱子甘藍	3顆
沙拉用菠菜	1束
水菜	1束
紅蘿蔔	2公分
山椒葉	適量

〈山椒葉醋〉

	山椒葉	15片
A	高湯	25mL
	淡口醬油	2小匙
	醋	2小匙
	味醂	1小匙

〈蛋黃醋〉

蛋黃	1顆
醋	2小匙
砂糖	1小匙
淡口醬油	少許

【透抽的處理方法】

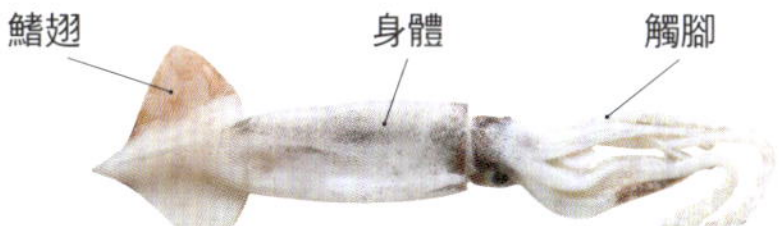

①用清水沖洗乾淨，將大拇指伸入透抽的身體內，沿著內臟與軀幹的連接處剝離，然後抓住觸腳，輕輕拉出內臟。
②取出透抽體內的軟骨，用清水徹底清洗，去除殘留雜質。
③抓住透抽的鰭翅，朝下方用力拉順勢剝除外皮。剩餘的薄膜可用廚房紙巾輕輕擦拭剝除乾淨。

1 蝦子的料理前置處理

使用竹籤從蝦殼交界處刺入，勾出背部的腸泥，慢慢拉出。放入熱水中燙至尾部自然捲曲後撈出，剝殼。

2 透抽的料理前置處理

清洗乾淨後，切成1cm寬的條狀。放入熱水中燙至顏色變白後，撈出瀝乾水分。

3 切蔬菜

甜豆燙熟後斜切成對半。菠菜與抱子甘藍對半切。水菜切成5cm長。紅蘿蔔雕刻成花瓣形狀，並切成薄片。

4 製作山椒葉醋

將山椒葉放入研磨缽中搗碎之後，加入A，混合均勻。

5 製作蛋黃醋

將蛋黃醋的所有材料放入碗中。隔水加熱，攪拌至醬汁變得濃稠為止。

6 裝盤

將步驟1～3的食材，依照色彩搭配擺入器皿中。最後淋上山椒葉醋與蛋黃醋，完成擺盤。

【湯品】

澤煮椀

這是一道日式傳統的蔬菜絲清湯，
以清澈高湯為底，加入細切蔬菜和肉類煮製而成。
名稱中「澤（沢）」的由來之一，
據說是源自漁夫使用山澤間流淌的融雪水烹煮。
這碗湯不僅象徵春天的到來，更能品味食材的鮮美滋味。

2人份

竹筍（水煮）	20g
紅蘿蔔	15g
食用土當歸	4cm
香菇	1朵
牛蒡	20g
山芹菜	6片
豬五花肉	40g
〈湯品基底〉	
基本高湯（P.25）	350ml
淡口醬油	20ml
料理酒	少許
鹽	少許
黑胡椒	適量

1 切食材①

將竹筍、紅蘿蔔、食用土當歸去皮，切成長4cm的細絲。

2 切食材②

香菇切成薄片。牛蒡削成薄片狀，快速沖洗去除雜質。

3 切食材③

山芹菜切成長4cm。

4 切食材④

豬肉切成寬5mm的薄片。

5 煮湯

將湯品的基底與山芹菜以外的所有食材放入鍋中，煮至所有食材都熟透。

6 擺盤

關火後將湯與食材盛入碗中，最後放上山芹菜作為點綴。

【燉煮料理】

燉煮竹筍雞肉丸

這道料理以賞花糰子為靈感，
以雞肉丸子與春季才能品嘗到的鮮嫩竹筍做搭配。
請盡情享受竹筍爽脆的口感與清香吧！

2人份

竹筍	1小根
艾草麩	4cm
百合根	6片
山椒葉	適量
〈雞肉丸〉	
大蔥	10g
生薑	5g
雞絞肉	60g
雞蛋	1/2大匙
麵粉	1/2大匙
太白粉	1/2大匙
料理酒	1小匙
濃口醬油	1小匙
〈煮汁〉	
基本高湯（P.25）	240ml
淡口醬油	20ml
味醂	20ml
料理酒	少許
砂糖	1/2小匙

【竹筍的去澀處理】

①斜切掉竹筍尖端，並在切口處垂直劃一條深1～2cm的切口。
②將竹筍放入鍋中，加入足量蓋過竹筍的水、米糠與辣椒，開中火至大火加熱。
③等到水煮沸之後，轉成小火至不會溢出的程度，蓋上落蓋，燉煮約1.5小時。
④用竹籤刺入根部，如果能輕鬆穿透，就表示已經燉煮完成。關火，讓竹筍浸泡在煮汁中自然冷卻，待完全冷卻後再剝皮。

1 切食材

將竹筍以十字形縱向切成四等分。艾草麩切成寬1cm的片狀。百合根在尖端切V字形切口，然後放入熱水中燙煮，直到表面變透明後撈出。

2 製作雞肉丸①

大蔥與生薑切成細末，並用玄米油（額外用量）炒香。在碗中加入雞肉丸的所有材料，充分攪拌均勻。

3 製作雞肉丸②

將煮汁的所有材料都放入鍋中，加熱至沸騰之後，用湯匙將拌好的雞肉泥挖成圓形，放入鍋中，轉中小火燉煮。

4 燉煮

將雞肉丸煮熟後，加入竹筍，繼續燉煮約10分鐘。加入艾草麩，再煮至湯稍微沸騰後立即關火。

5 擺盤

將湯與食材盛入碗中。最後放上百合根與山椒葉作點綴。

【涼拌料理】

芥末拌春高麗菜

春季高麗菜比其他季節的高麗菜，
口感更為柔嫩，並且甜味更濃郁。
帶有辛辣感的芥末能提升整體風味，
使料理更加有層次，成為菜單中的亮點。

2人份

春高麗菜	1/8顆
蘆筍	2根
鹽漬櫻花	12朵
〈混合調味料〉	
基本高湯（P.25）	250ml
淡口醬油	50ml
料理酒	2小匙
和風黃芥末	1/2大匙

1 食材的前置處理

將春高麗菜切成3cm大小的塊狀，蘆筍削去較硬的根部外皮，再將兩者放入熱水中汆燙，直到顏色變鮮豔為止。燙熟後，蘆筍斜切成段。鹽漬櫻花用清水沖洗，去除鹽分。

2 拌勻調味

在碗中加入所有調味料，混合均勻後，加入春高麗菜與蘆筍，拌勻，使食材均勻裹上調味料。

3 擺盤

將拌好的食材盛入碗中。最後放上鹽漬櫻花作點綴。

【米飯類】

油菜花飯

將鮮綠色的油菜花拌入米飯中，
再撒上黃色的蛋碎，
呈現出如同油菜花田般的美麗景緻。
油菜花特有的淡淡苦味令人回味無窮。

容易製作的分量

油菜花	6根
米麴漬蘿蔔（べったら漬け）	150g
雞蛋	1顆
剛煮好的飯	2合（360ml）

1 食材的前置作業

將油菜花用熱水快速汆燙後撈起，放入篩網瀝乾，稍微冷卻後切碎。將米麴漬蘿蔔切成細丁狀。

2 雞蛋的前置作業

在熱水中加入少許醋（額外用量），放入雞蛋煮13分鐘。撈起後放入冰水中冷卻，剝殼後分開蛋白與蛋黃。將蛋白切碎，蛋黃過篩後，隔水加熱並炒成細小的炒蛋（蛋黃粉）。

3 完成與擺盤

將步驟1的食材與蛋白拌入米飯中，充分混合。盛入碗中，最後撒上蛋黃粉作點綴。

【甜點】
櫻花聖代

這款人氣聖代使用的是當季草莓與櫻花。
香醇濃郁的豆乳果凍，
搭配色澤粉嫩的草莓醬與櫻花寒天，
帶來令人心動的美味享受。

2人份

〈豆乳果凍〉
- 豆漿 —— 100ml
- 牛奶 —— 200ml
- 細砂糖 —— 50g
- 吉利丁 —— 4g
  ※用冷水泡軟

〈草莓醬〉
- 草莓 —— 5顆（75g）
- 牛奶 —— 30ml
- 煉乳 —— 1/2大匙
- 細砂糖 —— 依喜好

〈櫻花寒天〉
- 水 —— 100ml
- 寒天粉 —— 1g
- 砂糖 —— 10g
- 鹽漬櫻花 —— 3朵
  ※浸泡在水中約1小時，去除鹽分。
- 食用紅色素 —— 適量

〈配料〉
- 紅豆泥 —— 依喜好
- 草莓 —— 依喜好

1 製作豆乳果凍

將豆漿、牛奶、細砂糖放入鍋中，開火加熱至接近沸騰時，加入吉利丁攪拌至溶解。關火，稍微放涼後倒入模具中，放入冰箱冷藏約1小時至凝固。

2 製作草莓醬

將草莓、牛奶、煉乳放入攪拌機打勻。若覺得不夠甜，可加入細砂糖調整甜度。

3 製作櫻花寒天

鍋中倒入水與寒天粉開火，加熱至沸騰後，放入細砂糖攪拌至完全溶解，然後關火。用適量的水（額外用量）溶解食用紅色素，倒入寒天液中，調成淡粉色。稍微放涼後，加入切碎的鹽漬櫻花，倒入模具中冷卻凝固後，切成1cm的塊狀。

4 組合與擺盤

依序將豆乳果凍與櫻花寒天放入碗中。可依個人喜好加入紅豆泥與草莓。最後淋上草莓醬，即可享用。

小知識專欄

賞花的起源

自古以來，櫻花被視為神靈寄宿之木。櫻花綻放的時期，恰巧與稻作的播種季節相吻合。古人認為，櫻花的盛開是山中的農業之神降臨人間的徵兆。因此，人們會在櫻花樹下供奉酒水與食物，並舉行與神共享祭品的儀式，藉此祈求當年的五穀豐收。

夏

七夕

炎熱的夏季容易食慾不振，
因此帶有酸味、清爽開胃的調味，
或是順口好吞嚥的料理特別受歡迎。
使用近似七夕銀河與星星的造型食材，
或是在擺盤時，裝飾代表船舵的梶葉，
象徵織女與牛郎橫渡銀河相會，
更能增添節慶的雅趣與意境。

菜單

【前菜】毛豆豆腐

【湯品】金絲瓜蓮藕清湯

【燉煮料理】番茄馬鈴薯燉雞肉

【涼拌料理】柚子胡椒拌干貝

【米飯類】蒲燒鰻魚散壽司

【甜點】水蜜桃Q彈果凍

【前菜】

毛豆豆腐

2人份

將色彩鮮豔的夏季毛豆製成冰涼滑順、
入口即化的豆腐，帶來清爽的口感。
果凍的透明感閃耀著光澤，
是一道視覺上也充滿清涼感的佳餚。

	毛豆	50g
	山藥	100g
	蝦子	2尾
	山葵	適量
	食用紫蘇花	適宜
A	基本高湯（P.25）	60ml
	淡口醬油	1/2大匙
	味醂	1/2大匙
	料理酒	少許
	吉利丁 ※用冷水泡軟	2g
B	基本高湯	80ml
	料理酒	1/2小匙
	淡口醬油	少許
	鹽	少許
	吉利丁 ※用冷水泡軟	8g

1 製作果凍

將A倒入鍋中加熱，待吉利丁完全溶解後，倒入托盤等平且寬的容器，放涼。放入冰箱冷藏約1小時，使其凝固。

2 處理蝦子與毛豆

蝦子去除腸泥，放入熱水汆燙至尾部微微捲曲後撈起，去殼。毛豆放入蒸鍋中蒸約5分鐘，稍微放涼後，剝出豆仁。

3 處理山藥

將山藥去皮，取整段的2/3用磨泥器磨成泥。剩餘的1/3，用刀背輕輕剁碎。

4 製作毛豆豆腐①

將毛豆仁與吉利丁以外的所有B材料放入攪拌機，打成細緻滑順的泥狀。

5 製作毛豆豆腐②

將步驟4的毛豆泥與磨成泥的山藥，倒入鍋中加熱。加入吉利丁，攪拌至完全溶解後，倒入模具中，放涼後放入冰箱冷藏1小時，使其凝固。

6 擺盤

將步驟5切成容易入口的大小，盛入碗中。放上剁碎的山藥與蝦子，再撒上剁小塊的步驟1。最後點綴上山葵與紫蘇花。

【湯品】

金絲瓜蓮藕清湯

燙過之後像素麵般散開的金絲瓜，宛如銀河，
點綴其間的秋葵彷彿閃爍的星星。
醃梅子的酸味，
讓這道湯品在炎熱的天氣裡也清爽順口。

2人份

金絲瓜	50g
蓮藕	30g
秋葵	2根
日式醃梅	15g
基本高湯（P.25）	300ml
A 淡口醬油	1/2大匙
A 料理酒	1/2小匙
鹽	1撮

1 食材的前置處理

去除金絲瓜較厚的外皮，放入冷水中煮15分鐘，煮熟後撥散成絲狀。蓮藕去皮後切成厚3mm的薄片。秋葵撒上鹽輕輕搓揉後，再用水沖洗乾淨，然後切成厚5mm的圓片。

2 烹煮與調味

在鍋中倒入基本高湯後，加入金絲瓜、蓮藕與日式醃梅，並加熱烹煮，接著加入A，最後用鹽調味。

3 擺盤

將湯與食材盛入碗中，撒上秋葵作點綴。

【燉煮料理】

番茄馬鈴薯燉雞肉

使用清爽的雞肉
搭配當季番茄與獅子唐辛子，
做出最適合夏天的日式馬鈴薯燉肉。
番茄的清新酸味能有效提升食慾，
讓人胃口大開。

2人份

雞腿肉	150g
番茄	1顆
洋蔥	1/2顆
馬鈴薯	2顆
獅子唐辛子	6根
A 基本高湯（P.25）	250ml
A 濃口醬油	25ml
A 砂糖	略少於1大匙
A 料理酒	1大匙

1 煎雞肉

在平底鍋中倒入玄米油（額外用量），將雞肉皮面朝下，煎至雙面呈金黃色後，切成容易入口的大小。

2 切蔬菜

番茄切成滾刀塊。洋蔥切成半月形。馬鈴薯放入冷水中煮15分鐘，煮熟後去皮，切成六等分。

3 燉煮

在鍋中倒入玄米油（額外用量），加入雞肉、洋蔥、馬鈴薯拌炒。接著加入A，燉煮10分鐘。最後加入番茄與獅子唐辛子，煮至微沸騰後關火，即可盛碗享用。

【涼拌料理】

柚子胡椒拌干貝

夏季白蘿蔔清爽的辛辣感，
能襯托出干貝的鮮甜風味。
微辣的柚子胡椒，
其獨特的香氣與刺激感，
更是提升整體風味的關鍵。

2人份

	干貝（生食用）	2顆
	玉米	1/3根
	白蘿蔔	150g
A	水	50ml
	料理酒	50ml
B	基本高湯（P.25）	1小匙
	淡口醬油	1小匙
	醋	1小匙
	柚子胡椒	1小匙

1 加熱干貝

將A與切成容易入口大小的干貝放入鍋中，加熱至沸騰立即關火。

2 處理玉米

將玉米放入已經冒出蒸氣的蒸鍋中，蒸5分鐘後取出，用刀順著玉米粒的排列，一行一行切下。

3 製作蘿蔔泥

將白蘿蔔用磨泥器磨成泥，並稍微擠掉多餘水分。

4 製作拌醬

將步驟3的蘿蔔泥與B放入碗中，充分混合均勻。

5 完成與擺盤

將干貝與玉米粒加入步驟4的拌醬中，拌勻後盛碗，即可享用。

【米飯類】

蒲燒鰻魚散壽司

鰻魚營養滿分，
是預防夏季疲勞的理想食材。
搭配當季的小黃瓜與生薑，
增添清爽的香氣與脆嫩口感，
讓這道料理更順口、美味。

容易製作的分量

米	2合（360ml）
昆布	5cm
水	360ml
蒲燒鰻魚	1片（1尾）
茗荷	2個
紫蘇葉	5片
嫩薑	20g
小黃瓜	1條
炒白芝麻	適量
山椒粉	依喜好

鹽水	適量

※在水中加入相當於水量3%的鹽分（每200ml的水約加入1小匙鹽）。

〈壽司醋〉

米醋	60ml
砂糖	25ml
鹽	6g

1 煮飯

米粒洗淨後放入篩網瀝乾，加入昆布與適量的水，開始炊煮。

2 炙燒鰻魚

將蒲燒鰻魚放入烤魚架或烤箱中，稍微炙烤後，切成容易入口的塊狀。

3 切配料

將茗荷切成薄片，稍微泡水去辛味。紫蘇葉切成細絲。嫩薑切成粗末狀。

4 處理小黃瓜

小黃瓜對半縱切，去除內部的瓜囊後，斜切成薄片。接著泡入鹽水中，醃漬片刻。

5 製作壽司醋飯

在鍋中加入壽司醋的材料，加熱至砂糖完全溶解後關火。將煮好的米飯與壽司醋拌勻，使其均勻入味。

6 完成與擺盤

將鰻魚、配料與小黃瓜拌入醋飯中，充分混合。盛入碗中，撒上白芝麻，可依個人喜好撒上山椒粉，增添風味。

【甜點】

水蜜桃Q彈果凍

這是一款使用夏季當季水蜜桃製作的清涼甜點。
蜜漬水蜜桃丁與果凍的不同口感，增添享用時的趣味。
推薦使用粗吸管攪拌後食用，更能感受其層次風味。

2人份

水蜜桃		1顆
A	水	200ml
	紅酒	20ml
	細砂糖	60g
檸檬汁		1/2大匙
吉利丁 ※用冷水泡軟		3g
百香果		1顆
〈豆乳煉乳〉		
無糖煉乳		1大匙
豆漿		40ml
砂糖		7g

1 製作蜜漬水蜜桃

將水蜜桃縱向對半切開，去除果核後，放入熱水中稍微燙過再撈起泡冷水，去皮後切成八等分。將A倒入鍋中，煮沸後放入水蜜桃，燉煮至水蜜桃變軟，加入檸檬汁，放涼備用。

2 製作水蜜桃果凍

取步驟1的蜜漬水蜜桃糖漿200ml，倒入鍋中加熱。煮沸後加入吉利丁，攪拌至完全溶解。倒入托盤等容器中放涼，放入冰箱冷藏約1小時，使其凝固。

3 製作豆乳煉乳

將豆乳煉乳所有材料倒入鍋中，加熱至砂糖完全溶解後關火，放涼備用。

4 組合與擺盤

將蜜漬水蜜桃切成小塊，水蜜桃果凍剁碎，把兩者混合，盛入碗中。淋上豆乳煉乳，最後放上百香果果肉點綴，即可享用。

小知識專欄

七夕節的由來

「七夕」讀作「たなばた（Tanabata）」，其語源來自日本古老的風俗「棚機津女（たなばたつめ）」。相傳，被選為棚機津女的少女，會在河畔的織布小屋中，為從天而降的水神，織造神聖的布匹，並將這些織物獻給神明，以祈求五穀豐收。這個傳說也被記載於日本最古老的和歌集《萬葉集》當中。

秋

賞月

這是一道能夠充分享受豐收之秋的料理組合，
包含甜美的秋季蔬菜與油脂豐富的秋刀魚等當季食材。
在賞月佳餚的佈置上，
擺放「秋之七草」之一的蘆葦，
以及令人聯想到月亮的兔子裝飾，增添氛圍。
另外，使用芋頭或宛如滿月般圓滾滾的雞肉丸等食材，
不僅美味，也能為餐桌增添視覺上的樂趣。

菜單

【前菜】毛豆泥涼拌芋頭

【湯品】蕪菁豆皮清湯

【燉煮料理】冬瓜芡汁雞肉丸

【烤物】烤秋刀魚秋季蔬菜沙拉

【米飯類】萩飯

【甜點】椰香風味月見南瓜糰子

【前菜】
毛豆泥涼拌芋頭

將作為賞月供品不可或缺的芋頭，
裹上毛豆泥，製成和風涼拌菜。
雖然毛豆給人強烈的夏季印象，
但到了9月時甜味反而更加濃郁。

2人份

小芋頭（芋頭）——10個
毛豆——150g
A 白味噌——20g
蔗糖（二砂糖）——3g
鹽——1撮
基本高湯（P.25）—略少於1大匙

1 處理芋頭與毛豆

小芋頭仔細清洗後，放入冷水中煮15～20分鐘，煮熟後用手去皮。毛豆連同豆莢撒上適量鹽（額外用量）搓揉，然後放入滾水中汆燙2分鐘，撈起瀝乾並稍微放涼，剝出毛豆仁。

2 製作毛豆泥醬

將毛豆仁與A放入食物調理機，攪拌至細膩均勻。

3 完成與擺盤

用毛豆泥醬拌小芋頭，使其外層裹上毛豆泥醬。盛入器皿中，即可享用。

【湯品】
蕪菁豆皮清湯

在和食文化中，有一種重視季節感的概念，
分為搶先品味當季食材的「搶先（走り）」，
以及欣賞即將過季食材的「餘韻（なごり）」。
透過秋冬正當季的蕪菁，來感受季節變遷的風情吧。

2人份

小蕪菁——1顆
豆皮（湯葉）——30g
薑汁——適量
基本高湯（P.25）—300ml
A 淡口醬油——略少於1大匙
鹽——1撮
料理酒——少許
〈葛粉水〉
水——20ml
葛粉——15g

1 處理食材

蕪菁切除葉子（保留約1cm葉梗），再切成六等分半月形。取蕪菁葉梗30g切3cm長。豆皮切2cm大小。

2 燉煮

將基本高湯與蕪菁放入鍋中，加熱煮10分鐘後，放入蕪菁葉梗、豆皮與A，煮至湯汁稍微沸騰並關火。最後加入葛粉水，攪拌均勻。

3 完成與擺盤

盛入碗中，最後淋上薑汁，即可享用。

【燉煮料理】

冬瓜芡汁雞肉丸

將雞肉丸用手捏成較大的圓形，象徵滿月。
夏季當令的冬瓜磨成泥，製作成芡汁，
讓這道料理展現出季節交替的餘韻。

2人份

- 木棉豆腐（或板豆腐）——60g
- 大蔥——15g
- 生薑——5g
- 雞絞肉——100g
- 山藥——15g
- 雞蛋——1大匙
- 太白粉——1/2大匙
- 冬瓜——150g
- A
  - 淡口醬油——少許
  - 料理酒——少許
  - 鹽——1撮
  - 山椒粉——少許
- B
  - 基本高湯（P.25）——300ml
  - 淡口醬油——略少於1大匙
  - 味醂——1小匙
  - 料理酒——1大匙
  - 砂糖——1/2小匙
- 〈葛粉水〉
  - 水——3大匙
  - 葛粉——35g

1 瀝乾豆腐的水分

將豆腐放在托盤上，壓上重物，靜置約30分鐘瀝乾水分。

2 炒大蔥與生薑

將大蔥與生薑切細末。在平底鍋中倒入玄米油（額外用量），充分翻炒。

3 攪打雞肉丸泥

將豆腐、雞絞肉、山藥、雞蛋、太白粉和A放入食物調理機中拌勻，再加入步驟2的炒料混合。

4 磨碎冬瓜

去除冬瓜的籽與瓤，並切除外皮，再使用磨泥器將冬瓜磨成泥。用廚房紙巾包起來並稍微擰出水分。

5 煮雞肉丸

將B倒入鍋中加熱，湯汁沸騰後，放入2顆捏成圓球狀的雞肉丸煮熟，接著加入冬瓜泥，最後倒入葛粉水並充分攪拌。

6 擺盤

將雞肉丸擺入器皿，淋上冬瓜芡汁即可。

【烤物】

烤秋刀魚
秋季蔬菜沙拉

當季的秋刀魚，最適合烤來享用！
由於魚肉油脂豐富，淋上醋橘汁可增添清爽風味。
烤過的秋季蔬菜，其甘甜滋味更是令人難以抗拒。

2人份

	秋刀魚	1尾
	醋橘	1顆
	茄子（圓茄）	2條
	山茼蒿	40g
	大蒜	1瓣
	香菇	2朵
	蓮藕	3cm
	南瓜	100g
	麵粉	適量
	食用菊花	1朵
A	基本高湯（P.25）	25ml
	濃口醬油	1大匙
	味醂	20ml
B	黑醋	2小匙
	鹽	少許
	砂糖	少許

1 烤秋刀魚

用大名切法（P.42）處理秋刀魚，切成3片之後去除中骨，用刷子均勻輕拍上麵粉。在平底鍋中倒入玄米油（額外用量），將秋刀魚煎至金黃，最後擠上醋橘汁。

2 切蔬菜①

將一條茄子的外皮削出條紋狀，切成八等分；另一條茄子縱向對半切開，再切成厚5mm的薄片。山茼蒿分成葉與梗兩個部分。大蒜則切成稍有厚度的片狀。

3 切蔬菜②

將香菇去除根部後，切成對半。蓮藕去皮，切成厚5mm薄片。南瓜去籽，切成厚1cm月牙形薄片。

4 製作醬汁①

將A倒入鍋中，加熱至沸騰後冷卻備用。

5 製作醬汁②

在平底鍋內倒入較多的玄米油（額外用量），放入厚5mm的茄子片、山茼蒿梗與大蒜，翻炒至熟。然後與B一起放入食物調理機中，攪拌均勻。

6 炒蔬菜並擺盤

平底鍋內倒入適量玄米油（額外用量），放入切八等分的茄子及步驟3切好的蔬菜炒熟。將烤好的秋刀魚與蔬菜擺入盤中，淋上醬汁①與②，再撒上山茼蒿葉與菊花點綴。

【米飯類】

萩飯

萩飯是將白米混入有紅色外觀的豇豆或小豆一起煮，
呈現出飯粒間宛如點綴著紫紅色「萩花」的景致，
是一道代表秋季的經典菜餚。
調味上僅使用簡單的鹽巴，
能充分享受食材的色彩與風味。

容易製作的分量

米	2合（360ml）
豇豆或小豆	50g
銀杏	30顆
紅蘿蔔	40g
水	360ml
鹽	1小匙

1 洗米

將米洗淨，浸泡於水中30分鐘，然後瀝乾。

2 處理食材①

在鍋中加入水（額外用量）和豇豆，煮沸後倒掉熱水，再重新加水，用小火煮30～40分鐘，直到豇豆煮透、變軟為止。

3 處理食材②

將紅蘿蔔切成小丁。

4 處理食材③

將銀杏敲破外殼、取出果仁後放入鍋中，加入剛好蓋過一半的水與1小匙鹽（額外用量），煮熟後去除薄皮，再將銀杏切成四等分的圓片。

5 煮飯

在土鍋中放入米、瀝乾的豇豆、紅蘿蔔，再加入適量的水與鹽，開始炊煮。

6 完成並盛盤

在剛煮好的飯中，拌入銀杏，充分攪拌後盛入器皿中。

【甜點】

椰香風味
月見南瓜糰子

鮮豔的黃色南瓜糰子宛如十五夜的滿月。
清爽的焙茶寒天與醇厚的豆乳牛奶，相得益彰。

2人份

〈南瓜糰子〉

南瓜	60g
白玉粉（糯米粉）	60g
水	50ml

〈焙茶寒天〉

水	200ml
焙茶茶葉	5g
寒天粉	1g
細砂糖	1/2大匙

〈豆乳椰奶〉

椰奶	100ml
豆漿	50ml
砂糖	7g
鹽	少許

〈配料〉

紅豆餡	適量
核桃	4粒

1 製作南瓜糰子

將南瓜放入冒著蒸氣的蒸鍋中，蒸10分鐘後過篩。在南瓜泥中加入白玉粉，並一點一點加水，揉勻。揉成容易入口大小的圓球後，放入熱水中煮3～4分鐘。

2 製作焙茶寒天

鍋中加水煮至沸騰後關火，放入茶葉燜煮1分鐘後，過濾茶葉，加入細砂糖與寒天粉，再次加熱，沸騰後倒入模具中，放入冰箱冷卻凝固。

3 製作豆乳椰奶

將豆乳椰奶的材料倒入鍋中加熱，待砂糖完全溶解後，關火冷卻。

4 組合與擺盤

在器皿中擺放南瓜糰子、焙茶寒天、紅豆餡與核桃，最後淋上豆乳椰奶。

小知識專欄

賞月的起源

賞月文化在平安時代從中國傳入日本，並在貴族之間廣為流傳。當時會舉辦風雅的宴會，人們在船上欣賞詩歌與管弦樂，互相斟酒對飲。據說貴族們特別喜愛觀賞倒映在水面或酒盞中的月亮。到了江戶時代，賞月活動也傳入庶民之間，但更強調對稻米豐收的感謝之意。

冬

新年

「御節料理」的起源可以追溯到向歲神供奉收成物，
並與神共享的「直會（なおらい）」儀式。
作為向歲神表達感謝的神聖料理，
御節料理蘊含著各種吉祥寓意。
若以多層漆盒盛裝，傳統的擺放方式為：
第一層放蒲鉾（魚板）等象徵祝福的「祝餚」與甜味「口取」，
第二層放燒烤料理，第三層放醋漬料理，第四層放燉煮料理。

菜單

【三種吉祥前菜】
蜜煮小魚乾
醃製鯡魚卵
芝麻醋拌牛蒡

醋漬紅白蘿蔔佐鮭魚卵

伊達卷

豔煮鮮蝦

御雜煮

白味噌雜煮

【三種吉祥前菜】

這裡所謂的吉祥前菜，在日文中稱為祝い肴，
指的是正月不可或缺的傳統料理。
從左至右依序為：蜜煮小魚乾（田作り）、
醃製鯡魚卵（数の子）、芝麻醋拌牛蒡（たたきごぼう）。
在關東地區，牛蒡有時會以黑豆代替。

蜜煮小魚乾

使用乾燥的鯷魚幼魚，
以鹹甜醬汁煮製而成的料理。
又稱為「五萬米（ごまめ）」，
其中蘊含著祈求五穀豐登的寓意。

2人份

	鯷魚乾	20g
A	濃口醬油	1/4大匙
	細砂糖	1/5大匙
	味醂	1大匙
	料理酒	2大匙
	醋	少許

1 炒鯷魚乾

將鯷魚乾放入平底鍋中，以小火翻炒，炒至能夠輕易折斷的程度，但避免炒焦。

2 過篩鯷魚乾

待鯷魚乾冷卻後，放入細孔篩網中，輕搖過篩。

3 煮醬汁

在平底鍋中加入A，加熱，稍微煮至收汁。

4 翻拌並裹蜜汁

將鯷魚乾倒入步驟3的醬汁中，加入少許醋，迅速攪拌，使其均勻裹上醬汁即完成。

醃製鯡魚卵

容易製作的分量

這道料理在日文中稱為「數之子」，
象徵子孫繁榮的吉祥寓意。
透過分兩次醃漬鯡魚卵，
不僅能去除腥味，
也可以讓柴魚的鮮味充分滲透。

- 鹽漬鯡魚卵 ———— 8條
- A
  - 基本高湯（P.25）—— 800ml
  - 淡口醬油 ———— 100ml
  - 味醂 ———— 2大匙
  - 料理酒 ———— 少許
- 柴魚粉 ———— 適量
- 鹽水 ———— 適量

※在水中加入相當於水量3%的鹽
（每200ml水大約對應1小匙鹽）

1 處理鯡魚卵①

將鯡魚卵放入鹽水中浸泡約半天，去除鹽味。

2 處理鯡魚卵②

去除鯡魚卵的薄膜，然後用冷水快速沖洗乾淨。

3 浸泡於醃汁中

將A倒入鍋中加熱，煮沸後關火，放涼。在保存容器內倒入一半的醃漬醬汁，將鯡魚卵放入，浸泡一晚。剩下的醃漬醬汁保留備用。

4 第二次醃漬

取出鯡魚卵，瀝乾第一次醃漬的醬汁。將剩下的醃漬醬汁加入柴魚粉，再將鯡魚卵放入浸泡約1天，讓風味更佳。

芝麻醋拌牛蒡

牛蒡因為其根深深扎入地底，
象徵家庭與事業穩定。
炒香的白芝麻與帶有酸味的調味，
正是這道料理的關鍵風味。

2人份

- 牛蒡 ———— 20cm
- 炒白芝麻 ———— 1½大匙
- A
  - 醋 ———— 2大匙
  - 淡口醬油 ———— 1/2大匙
  - 砂糖 ———— 2小匙

1 處理牛蒡①

用刷子仔細將牛蒡刷洗乾淨後，縱向十字切開，再切成長4cm。浸泡於醋水中（額外用量）20分鐘，去除澀味。

2 處理牛蒡②

將牛蒡放入滾水中煮約2分鐘，撈起瀝乾並放涼。用擀麵棍輕輕敲打。

3 製作拌醬

將白芝麻放入鍋中乾炒，炒香後放入研磨缽中稍微研磨，再加入A，攪拌均勻。

4 混合均勻

將牛蒡加入步驟3的拌醬中，混合均勻，即可享用。

醋漬紅白蘿蔔佐鮭魚卵

將白蘿蔔與紅蘿蔔切成細絲，浸泡在醋裡，
就像紅白水引（日式傳統繩結）一樣。
過去，這道料理會加入生魚或海鮮，
因此被稱為「膾（なます）」，
指用醋醃製生魚或蔬菜的涼拌料理。

2人份

	白蘿蔔	20cm
	紅蘿蔔	10cm
	鮭魚卵	適量
A	醋	100ml
	水	50ml
	砂糖	2大匙
	昆布	3cm
	鹽水	適量

※在水中加入相當於水量3%的鹽（每200ml水約對應1小匙鹽）

1 處理食材①

白蘿蔔與紅蘿蔔去除外皮，切成厚2～3mm的長條狀。

2 處理食材②

將切好的蘿蔔浸泡於鹽水中1小時，當蔬菜變軟後，用清水沖洗，並充分擠乾水分。

3 浸泡在醃漬液中

在碗中充分混合A，放入處理好的蘿蔔絲，放置於冰箱冷藏醃漬半天，讓其入味。

4 擺盤

將醃好的蘿蔔絲盛入器皿，最後撒上鮭魚卵作點綴。

小知識專欄

醋漬紅白蘿蔔拌蜜漬柿

這是一道變化版食譜。
加入柿餅的自然甜味，
即使是小朋友也願意享用。

	醋漬紅白蘿蔔絲	2人份
	半乾燥柿餅	1顆
A	醋	1大匙
	淡口醬油	1/3大匙

①去除柿餅的蒂頭，縱向切開果肉並攤開，去籽後，將果肉切成薄片。
②將柿餅放入研磨缽內，搗碎成泥狀，加入A，搗碎至整體滑順為止。
③將紅白醋漬蘿蔔絲與步驟2的柿子醬混合拌勻，即完成。

伊達卷

伊達卷是一種日式甜味蛋卷。
其形似書卷，因此具有學識增長的吉祥寓意。
其中魚漿也可以替換成搗碎的蝦或扇貝，
同樣美味可口。

容易製作的分量

	雞蛋	5顆
	山藥	1/2大匙
	白身魚的魚漿	40g
A	砂糖	5大匙
	淡口醬油	1小匙
	鹽	適量
	基本高湯（P.25）	100ml

1 混合調味料

在碗中放入A，攪拌均勻，直到砂糖完全溶解。

2 製作蛋糊①

在研磨缽中放入魚漿，充分搗至細膩滑順之後，加入磨好的山藥泥，繼續攪拌均勻。

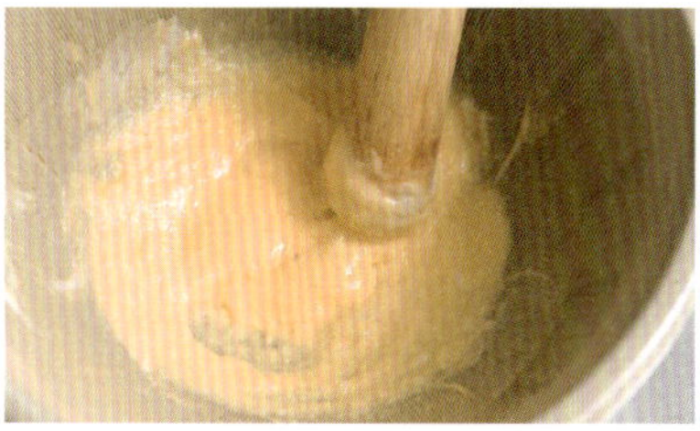

3 製作蛋糊②

加入一顆蛋白，繼續攪拌，直到變得滑順。再加入一顆蛋黃，充分混合均勻。

4 製作蛋糊③

將剩下的雞蛋一顆一顆加入，每次加進去後都要充分攪拌。最後加入步驟1的調味料，攪拌均勻。

5 煎熟①

將玉子燒鍋熱鍋，用浸了玄米油（額外用量）的廚房紙巾擦拭鍋面，讓鍋面均勻塗上薄薄一層油。

6 煎熟②

熱鍋完成後，倒入蛋糊，蓋上鋁箔紙，用小火烘烤約20分鐘，直到表面變乾。

7 煎熟③

用竹籤沿著鍋緣劃過，將整塊煎蛋翻面倒出。重複步驟5在鍋內抹油，將煎蛋放回鍋內，用中火稍微煎另一面，使其呈現淡淡金黃色。

8 捲起

把煎蛋放在壽司捲簾上，輕輕捲起後，用橡皮筋固定並靜置5分鐘，讓形狀定型。取下壽司捲簾後，再次調整外形，靜置冷卻。先切除兩端，再切成適當大小，即可享用。

豔煮鮮蝦

「豔煮」是指用鹹甜醬汁將食材煮入味，
並讓表面呈光亮誘人色澤的烹調手法。
蝦因其長長的觸鬚與彎曲的身形，
而被視為長壽的象徵。

2人份

蝦		4隻
A	料理酒	50ml
	砂糖	12g
	味醂	25ml
濃口醬油		1小匙
溜醬油		1小匙
薑汁		20ml

1 處理蝦子①

先不剝蝦殼，直接用竹籤從蝦頭尾端的背部插入，挑掉腸泥。

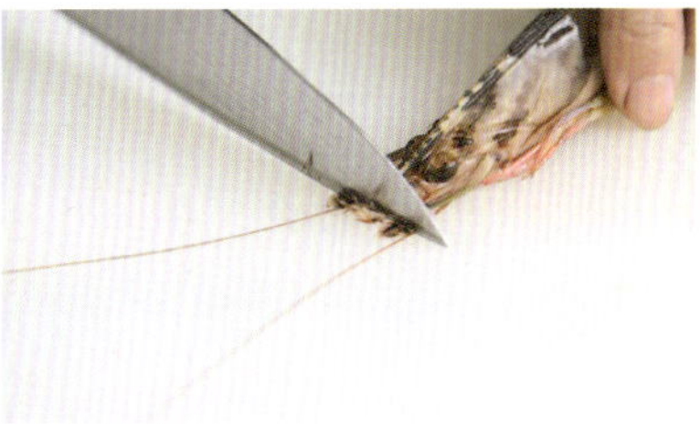

2 處理蝦子②

將蝦鬚切成與蝦頭前端齊平。

3 製作煮汁①

將A倒入鍋中加熱，煮至醬汁變得濃稠。

4 製作煮汁②

加入濃口醬油，繼續熬煮，讓醬汁進一步收濃。

5 醬煮入味①

當煮汁沸騰至冒大泡泡時，加入溜醬油、薑汁、蝦子。

6 醬煮入味②

不斷翻攪，使醬汁均勻包裹蝦子，同時讓蝦子釋出的水分充分蒸發，使其呈現光亮外觀。

御雜煮

這是日本家庭中傳統的燉煮蔬菜料理，
其日文名稱「お煮しめ」來自於，
燉煮至湯汁收乾（煮しめる）的調理方式。
使用的食材各自蘊含吉祥寓意，
例如蓮藕，象徵視野開闊、前途光明，
被視為祈福的吉祥料理。

2人份

- 芋頭 —— 4顆
- 竹筍 —— 1根
  ※進行去澀味處理（P.117）
- 蓮藕 —— 8cm
- 紅蘿蔔 —— 8cm
- 豌豆 —— 8個
- 乾香菇 —— 4朵
- 牛蒡 —— 1根
- 高野豆腐（或凍豆腐）—— 1片
- 雞腿肉 —— 1/2片
- A
  - 基本高湯（P.25）—— 800ml
  - 味醂 —— 50ml
  - 料理酒 —— 1大匙
  - 砂糖 —— 1大匙
- B
  - 淡口醬油 —— 50ml
  - 濃口醬油 —— 2大匙

應用篇【花形蘿蔔片的作法】

①製作基本的花形紅蘿蔔（P.31）。
②從花瓣之間切一刀，劃至中間。
③從花瓣的外緣向步驟②的切口方向，斜著削除多餘部分，呈現更加立體的花形。

1 處理蔬菜①

將芋頭削成六角形，放入沸騰的洗米水（額外用量）中，煮至竹籤可輕易穿透為止。

2 處理蔬菜②

竹筍縱切對半或以十字切塊。蓮藕去皮，切成厚5mm的半月形，然後放入滾水快速汆燙。紅蘿蔔切成厚2cm的圓片，並製作成花形蘿蔔片。

3 處理蔬菜③

豌豆莢去筋後，快速汆燙。牛蒡用刷子洗乾淨，切成長4cm的斜切片，然後快速汆燙。乾香菇稍微沖洗後，泡水一晚，使其回復柔軟。

4 煎雞肉

在平底鍋中倒入玄米油（額外用量）加熱，將雞肉皮朝下放入鍋中，煎至兩面呈現金黃色，然後切成容易入口的大小。

5 處理豆腐

將高野豆腐用熱水泡。在碗中準備清水（額外用量），反覆擠壓高野豆腐，直到不再擠出濁水後，切成容易入口的大小。

6 燉煮

在鍋中放入豌豆莢以外的所有蔬菜、雞肉與A，燉煮約40分鐘。中途分2～3次加入B，最後放入步驟5的豆腐，煮至入味。擺盤後再添上豌豆莢點綴。

白味噌雜煮

雜煮是充滿地方特色的料理，
主要可分為白味噌湯底與清湯湯底兩種。
請務必品嚐看看關西風的白味噌雜煮，
其中搭配的丸餅（麻糬）與鏡餅造型相同，寓意吉祥。

2人份

芋頭	2顆
乾香菇	2朵
紅蘿蔔	6cm
丸餅（麻糬）	2顆
柚子	少許
基本高湯（P.25）	300ml
白味噌	70g
淡口醬油	少許
料理酒	少許

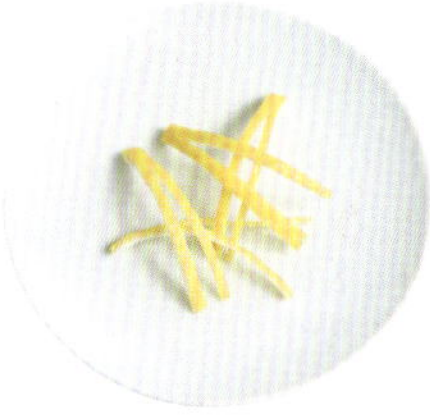

1 處理食材①

芋頭削成六角形，切成容易入口的大小。紅蘿蔔切成厚2cm的圓片。將兩者放入洗米水（額外用量）中，煮至竹籤能輕易穿透為止。

2 處理食材②

乾香菇切雕花（P.31），然後用水泡發，再以熱水煮熟。將丸餅放入熱水（額外用量）加熱，保溫備用。

3 製作湯底

在鍋中倒入基本高湯加熱，溫熱後，加入白味噌攪拌溶解。再用淡口醬油與料理酒調味。

4 擺盤

將處理好的食材盛入碗中，倒入白味噌湯底，最後點綴松葉柚子，即製作完成。

【松葉柚子的作法】

①將柚子皮薄薄削下，切成粗絲。
②再將中央部分細細切開，但保持柚子皮上端相連。
③用手指輕輕撥開，使其呈現松葉般的形狀。

小知識專欄

正月的起源

自古以來，正月一直被視為一年中最重要的節日。供奉給歲神的鏡餅可追溯至奈良時代，而門松則始於平安時代。門松是作為讓歲神降臨並依附的媒介（日文中，用「依代」來稱呼這樣的象徵物），而鏡餅則是獻給神明的神聖食物，因此在慶典與祭祀中是不可或缺的存在。

節慶活動的起源與習俗

從古至今流傳的節慶活動當中，
隨著時代變遷與人們生活方式的改變，
有些儀式，已經以不同於原始形態的方式廣泛流傳下來。
希望這能成為讓大家更深入了解四季節慶的契機，
並藉此感受其中的意義與古人寄託的心願。

※ 各地區的舉辦時期可能有所不同。

節分

2月3日

「節分」又被稱為「季節的分界點」。雖然立春、立夏、立秋、立冬的前一天都曾被稱為節分，但現今只保留了春季的節分儀式「驅鬼儀式」。「驅鬼儀式」最早於平安時代從中國傳入。據說當時在除夕夜，人們會使用桃木製成的弓與蘆葦製的箭，從京城四門※1驅逐鬼怪，驅散一年間的疫鬼※2，迎接嶄新的新年。

上巳節

3月3日

如今被稱為「雛祭（女兒節）」的「上巳節句」，其起源可追溯至奈良時代。當時，人們會將自身的厄運與穢氣轉移到用紙、樹木或草製成的人形上，再放流至大海或河川，達到淨身除厄的效果。此外，史料中也記載了在這段期間，年幼的女孩會玩「雛遊戲」（ひひな遊び）※3的習俗。這些傳統與中國傳入的「曲水流觴宴」（曲水の宴）※4融合，逐漸發展成今日的「雛祭」。

※1 **四門**：指東、南、西、北四個方位的城門。
※2 **疫鬼**：源自中國的妖怪，據說會散播瘟疫，給人類帶來災厄與痛苦。
※3 **雛遊戲（ひひな遊び）**：指女孩用紙製人偶進行的遊戲。
※4 **曲水流觴宴（曲水の宴）**：參宴者沿著庭園內蜿蜒曲折的水道而坐，在酒杯從上游順流而下、經過自己面前之前，需寫下一首詩在短冊上，並飲盡酒杯內的酒。

端午節

5月5日

端午節的起源來自於，在奇數重疊的日子進行驅邪祈福，以祈求健康長壽的中國習俗，這個傳統於飛鳥時代傳入日本，並發展為摘取菖蒲等藥草，以強烈香氣驅邪的習俗。在平安時代，貴族會將菖蒲鋪在屋頂，或插於冠上，並在流鏑馬（騎射儀式）中享受這一傳統。到了鎌倉時代，由於「菖蒲」的發音與「尚武（尊崇武事、軍事）」相同，端午節遂逐漸演變為與男性相關的節慶，最終成為男孩的節日。

盂蘭盆節

關東地區主要日期：7月13日～16日
關西地區主要日期：8月13日～16日

日本原有的御魂祭與佛教的盂蘭盆會※5結合，到了室町時代逐漸演變成現今的盂蘭盆節。在這個時期，人們會在玄關或庭院，用松木等燃料，在素燒瓦※6上點燃迎火，迎接祖先靈魂回家，3天後則以送火（送靈火）送別祖先。祭祀時供奉的酸漿（ホウズキ），象徵指引祖先歸途的燈籠，而用免洗筷等當腳的黃瓜與茄子，則被視為祖先的乘騎工具。

夕涼

8月

日文「夕涼み」是傍晚乘涼的意思，指的是從過去到現在，人們為了度過炎夏而想出的消暑習俗。在清少納言的《枕草子》「優雅之物（あてなるもの）※7」篇章中，記載了這樣的描述：「削り氷にあまづら入れて、新しき金鋺に入れたる（刨冰淋上甘葛糖※8漿，盛於全新的金屬器皿中，實在是無比優雅）」這段文字展現了平安貴族享用清涼刨冰的情景。

※5　**盂蘭盆會**：祈求祖先冥福的法事活動。
※6　**素燒瓦（ほうろく）**：一種素燒陶製的鍋具。
※7　**優雅之物（あてなるもの）**：指高雅、高貴、美好的事物。
※8　**甘葛**：一種藤蔓植物，可提取甜味汁液。

重陽節

9月9日

舊曆9月9日，對應現在的曆法約為10月中旬，正值秋意正濃之際。此時正是菊花最美的季節，因此重陽節也被稱為「菊花節」。在古代，人們視菊花為不老、長壽的象徵。平安時代的貴族女性會在8日夜晚用棉花覆蓋菊花，待翌日清晨，菊花上的露水與芳香滲入棉花後，便用這種「菊被綿」擦拭臉部與身體，祈求青春永駐與長壽。

賞楓

10～11月

位於奈良平城京西側的龍田山，是著名的紅葉勝地，相傳這裡流傳著掌管秋天的女神「龍田姬」的傳說。龍田姬被描繪成，身披鮮艷金黃秋葉織成的錦衣女神，傳說當她揮動衣袖時，樹葉便會轉紅，整座山也隨之染上秋色。從那時起，在日文中「染める（染色）」一詞也被用來形容秋葉變紅的景象。

新嘗祭

11月23日

關於新嘗祭的起源有多種說法，但根據《日本書紀》的記載，新嘗祭始於飛鳥時代，而《萬葉集》中也留下了在新嘗祭宴席上所吟詠的和歌。「天地と久しきまでに万代に 仕えまつらむ 黒酒白酒[※1]を（希望能夠永遠與天地共存，以新穀釀製的黑酒與白酒供奉神明，慶祝豐收）」展現了慶祝豐收的喜悅之情。

※1　黑酒、白酒：在新嘗祭中供奉的是以新米釀造的祭祀酒（神酒，みき）。白酒的顏色呈白濁狀；黑酒則是在白酒中加入灰，呈現黑灰色。

迎新準備

12月13日

在江戶時代，新年大掃除被稱為「煤払い（去除爐灶煤灰）」，這個習俗最初是在江戶城舉行，後來逐漸傳播到民間。人們相信，清除一年間的污垢，能讓歲神帶來更多福氣與恩惠。而且在完成大掃除等工作之後，屋主還會被高高拋起，並舉辦宴會慶祝，形成熱鬧盛大的迎接新年儀式。

冬至

約12月22日

由於這一天起白晝時間會逐漸變長，被視為象徵太陽力量復甦的吉祥之日。祈願太陽復活，也與祈求五穀豐收息息相關。與冬至相關的食物中，包含能驅邪的紅色與黃色食材，柚子也是其中之一。現今流傳的冬至柚子浴，據說最早起源於江戶時代的公共澡堂。

人日節

1月7日

人日節又稱為「若菜節」。古時候，人們會在這一天到野外採摘「若菜（指新芽或嫩葉植物）」，這些嫩芽從積雪間探出頭，象徵著蓬勃的生命力。透過食用這些充滿生命力的嫩葉，來驅邪避災，並祈求無病息災。當時，人們通常將若菜煮成湯品，而如今，則發展成食用七草粥的習俗，並流傳至今。

台灣廣廈 國際出版集團
Taiwan Mansion International Group

國家圖書館出版品預行編目（CIP）資料

米其林料理人的日常和食：簡單煮出「味自慢」日本料理的祕訣，58道料亭風家常食譜全圖解 / 一二三庵著. -- 新北市：臺灣廣廈有聲圖書有限公司, 2025.06
144面；19x26公分
ISBN 978-986-130-656-8(平裝)

1.CST: 食譜 2.CST: 飲食風俗 3.CST: 文化 4.CST: 日本

427.131　　　　　　　　　　　　　　　　　　　　　114003946

台灣廣廈　米其林料理人的日常和食
簡單煮出「味自慢」日本料理的祕訣，58道料亭風家常食譜全圖解

| 作　　　者／一二三庵 | 譯　　　者／彭琬婷 |

編輯中心總編輯／蔡沐晨・編輯／黃緹羚
封面設計／陳沛涓
內頁排版／菩薩蠻數位文化有限公司
製版・印刷・裝訂／東豪・弼聖・秉成

行企研發中心總監／陳冠蒨
媒體公關組／陳柔彣
綜合業務組／何欣穎

線上學習中心總監／陳冠蒨
產品企製組／張哲剛

【原書編輯團隊】
攝　　影／山本一維
造　　型／鈴石真紀子
藝術指導與設計／吉池康二（アトズ）
插　　畫／唐木みゆ
妝　　髮／山下美紀
和服著付／遠藤惠智子（リーシュ）
料理助理／瀧澤英惠
編　　輯／伊澤美花、伊藤彩野（MOSH books）Natsumi.S（マイナビ出版）
校　　對／菅野ひろみ

發　行　人／江媛珍
法律顧問／第一國際法律事務所 余淑杏律師・北辰著作權事務所 蕭雄淋律師
出　　版／台灣廣廈
發　　行／台灣廣廈有聲圖書有限公司
地址：新北市235中和區中山路二段359巷7號2樓
電話：（886）2-2225-5777・傳真：（886）2-2225-8052

代理印務・全球總經銷／知遠文化事業有限公司
地址：新北市222深坑區北深路三段155巷25號5樓
電話：（886）2-2664-8800・傳真：（886）2-2664-8801
郵政劃撥／劃撥帳號：18836722
劃撥戶名：知遠文化事業有限公司（※單次購書金額未達1000元，請另付70元郵資。）

■出版日期：2025年06月　　ISBN：978-986-130-656-8
版權所有，未經同意不得重製、轉載、翻印。

KISETSU WO AJIWAU HAJIMETE NO WASHOKU by Hifumian
Copyright © 2023 Hifumian
All rights reserved.
Original Japanese edition published by Mynavi Publishing Corporation.
This Traditional Chinese edition is published by arrangement with Mynavi Publishing Corporation, Tokyo in care of Tuttle-Mori Agency, Inc., Tokyo, through Keio Cultural Enterprise Co., Ltd., Taiwan.